KB124831

과학이 알을 깨고 나올 때

우주부터 세포까지, 특별한 통합 과학 수업

과학이 알을 깨고 나올 때

우주부터 세포까지, 특별한 통합 과학 수업

초판 1쇄 펴낸날 2023년 12월 8일

지은이 박재용
펴낸이 홍지연

편집 홍소연 이태화 차소영 서경민
디자인 권수아 박태연 박해연 정든해
마케팅 강점원 최은 신종연 김가영 김동휘
경영지원 정상희 여주현

펴낸곳 ㈜우리학교
출판등록 제313-2009-26호(2009년 1월 5일)
제조국 대한민국
주소 04029 서울시 마포구 동교로12안길 8
전화 02-6012-6094
팩스 02-6012-6092
홈페이지 www.woorischool.co.kr
이메일 woorischool@naver.com

ISBN 979-11-6755-243-3 43400

• 책값은 뒤표지에 적혀 있습니다.
• 잘못된 책은 구입한 곳에서 바꾸어 드립니다.
• 본문에 포함된 사진은 저작권과 출처 확인 과정을 거쳤습니다.
그 외 저작권에 관한 문의 사항은 ㈜우리학교로 연락 주시기 바랍니다.

만든 사람들
편집 차소영
디자인 박해연

과학이 알을 깨고 나올 때

박재용 지음

우리학교

차례

우리는 누구이고, 이 지구라는 행성에 어떻게 존재해 왔으며, 앞으로 어디를 향해 나아가게 될까요? 이 질문에 대해 과학은 우리에게 어떤 답을 들려줄 수 있을까요? 질문을 잠시 내려놓고 다음과 같은 우화 하나로 책을 시작해 봅니다.

어떤 사람이 침팬지에게 묻습니다.
침팬지야, 너는 인간과 고릴라 중 누구와 더 가깝니?
침팬지가 대답합니다.
인간과 훨씬 가깝지. 고릴라와는 1000만 년 전에 헤어졌고, 인간과는 600만 년 전에 갈라졌으니까.

사람이 다시 민물장어에게 묻습니다.
민물장어야, 너는 인간과 붕장어 중 누구와 더 가깝니?
당연히 인간이지. 인간과 나는 모두 턱이 있는 유악동물이지만 붕장어는 턱이 없거든. 붕장어와는 이미 5억 년 전에 갈라진 사이야.

사람이 다시 멍게에게 묻습니다.

멍게야, 너는 인간과 전복 중 누구와 더 가깝니?

당연히 인간이지. 인간과 나는 같은 척삭동물문에 속하지만 전복은 문어와 같이 연체동물문에 속하잖아.

사람이 다시 곰팡이에게 묻습니다.

곰팡이야, 너는 인간과 세균 중 누구와 더 가깝니?

당연히 인간이지. 인간과 나는 모두 진핵생물이지만 세균은 원핵생물이잖아. 세균이랑은 10억 년도 더 전에 갈라진 남남이야.

인류는 자신이 누구인지, 우리가 살아가는 세계는 어떠한지, 우리가 우리 주변의 다른 존재와 어떤 관계를 맺고 있는지 알고자 아주 오래전부터 애썼습니다. 이 질문에 대한 중요한 대답 중 하나가 바로 과학입니다.

이 책은 과학이 처음 시작되었다고 여겨지는 고대 그리스부터 중세를 지나 과학 혁명이 일어난 근대를 거쳐 21세기에 이르기까지, 과학사에서 중요한 순간들을 살펴봅니다. 물리학과 천문학, 생물학, 지질학, 지구시스템과학 등 다양한 학문 분야를 아우릅니다.

그렇다고 특별한 배경지식이 필요하진 않습니다. 그저 초등학교 고학년 정도의 과학 지식이면 충분합니다. 과학적 발견과 발전의 구체적 내용을 다루기보다는 그 발견과 발전이 갖는 사회적 · 역사적 의미를 생각해 보려는 것이니까요.

과학은 인간과 인간, 인간과 사회보다 인간과 자연의 관계 맺음에 대해 연구하고 고민하면서 발전해 왔습니다. 그래서 과학의 시작은 지극히 주관적입니다. 우리 인간을 중심에 두고 시작했죠. 하지만 과학은 자연에 대해, 그리고 자연과 인간의 관계에 대해 보다 정확하게 파악하는 과정을 통해 객관적 사실을 확인해 나갑니다. 서양 과학을 중심으로 우리 인류가 밟아 온 이 과정을 살펴보는 것이 이 책의 주된 목적입니다.

하지만 과학 발전의 역사를 한 번에 전부 훑을 수는 없기에, 이 책에서는 꼭 필요한 사건과 발견을 서술하는 데 중점을 두었습니다. 우리는 먼저 과학 탐구의 역사를 통해 우리가 어떻게 인간 중심주의의 틀을 깨 왔는가를 살펴볼 겁니다. 인간 중심주의는 평상시 우리의 의식과 행동을 아주 집요하게 규정하는 틀일 뿐 아니라 우리가 객관적인 사고를 하는 것을 방해하는 편견 중 하나입니다. 이 틀을 깨는 것은 생각보다 어려워서, 여전히 우리의 일상적 사고와 행동에 큰 영향을 미칩니다. 과학의 발달 과정은 이 틀을 조금씩 깨면서 주관에서 객관으로 나아가는 과정입니다. 우리가 주인이고 중심이라고 여길 때 세상을 바라보는 관점은 주관적일 수밖에 없습니다. 반면 우리를 내세우지 않고 전체를 바라보면 객관적인 관점에 설 수 있고, 사물을 정확하게 파악할 수 있습니다. 이 주관에서 객관으로의 발전이 이 책에서 말하려는 두 번째 주제입니다.

그렇게 이 책은 우주의 중심이었던 지구가 평범한 별이 되기까지, 만물의 영장이었던 인간이 평범한 존재가 되기까지의 여정과도 같습니다. 이 특별한 여정을 함께 시작해 봅시다.

2023년 초겨울

박재용

서장

인간이 가장 나중에 생긴 까닭

하루 일이 끝난 뒤 불 가에 모여 쉬면서 이런저런 이야기를 나누던 옛사람들 중 한 명이 뜬금없는 질문을 던집니다. "이 세상은 어떻게 만들어졌을까?" 다른 사람이 말을 받습니다. "어떻게 만들어지긴, 원래부터 있던 거지."

"아니지, 이 집은 우리가 진흙이랑 나무로 만들었잖아. 돌도끼는 돌이랑 짐승 힘줄로 만들고, 그릇은 진흙으로 빚고. 그렇다면 나무나 새, 호랑이, 바다, 강, 하늘도 누군가가 만든 게 아닐까?"

이런 이야기가 오가면서 자연스레 신화가 생겨납니다. 메소포타미아, 인도, 이집트, 중국, 잉카, 마야 등 세계 각지에 흩어져 살던 이들은 저마다 세상이 처음 만들어진 일에 대한 이야기를 하나씩 만들죠. 바다와 육지는 원래 하나였는데 신이 나누었다고 이야기하고, 해와 달은 남매 신이 서로 그리워하며 하늘을 도는 거라고 상상하고, 사람이 죽어 선한 영혼이 하늘에서 빛나는 것이 별이라 여기기도 합니다.

그런데 이들 신화를 잘 보면 공통점이 있습니다. 인간이

등 뒤로 돌을 던지고 있는 데우칼리온과 피라.

가장 나중에 등장한다는 거죠. 성경의 천지창조에서 신은 세상 만물을 모두 만든 뒤 마지막으로 아담을 만듭니다. 그리스 신화에서도 인간은 마지막에, 프로메테우스가 진흙으로 빚어 만듭니다. 대홍수 때 모두 죽자 이번에는 프로메테우스의 아들인 데우칼리온과 그의 아내 피라가 등 뒤로 돌을 던져 신인류를 만들죠. 수메르 신화에서도, 북유럽 신화에서도, 아메리카의 마야나 잉카 신화에서도 인간은 마지막에 만들어집니다.

여러 신화에서 신이 인간을 가장 나중에 창조한 이유는 막내로서 겸손하게 살라는 뜻이라 생각할 수도 있지만, 사실은 그렇지 않습니다. 인간이 주인공이라는 뜻입니다. 원래 주인공은 마지막에 등장하는 법이니까요.

이해하지 못할 바는 아닙니다. 신화를 만든 존재가 인간이니까요. 하늘과 바다, 땅을 빚고 나서 신은 다시 여러 생물을 창조합니다. 바다에는 물고기가, 하늘에는 새가, 땅에는 땅짐승들이 등장하죠. 이렇게 모든 준비가 끝나자 신은 자신을 닮은 인간을 이 세계에 내놓습니다. 살 만한 환경이 모두 만들어진 뒤에 짜잔 하고 주인공인 인간이 등장하는 거지요.

이런 신화에서 인간이 등장하기 전까지의 세계는 배경에 불과합니다. 마치 배우가 등장하기 전의 영화 촬영장 같다고나 할까요?

이렇게 만들어진 신화의 세계는 인간 중심주의를 분명하게 보여 줍니다. 신화만 그런 것은 아닙니다. 인류 문명의 역사를 보면 철학도, 과학도 인간을 중심에 두고 발전했습니다. 동물은 인간이 기르는 가축과 기르지 않는 짐승으로 나누었고, 식물은 인간이 먹을 수 있는 것과 먹을 수 없는 것으로 나누었습니다. 같은 인간 사이에서도 자신과 자신이 속한 사회를 중심에 두는 모습을 찾아볼 수 있습니다. 중국이 다른 나라 사람들을 오랑캐라 불렀던 것이 그런 예 중 하나이지요. 지금도 마찬가지입니다. 가령 교과서에 실린 지도를 보면 항상 한반도가 가운데에 있습니다. 하지만 미국 교과서를 보면 지도 가운데에 아메리카 대륙이 있고 왼쪽에 아시아가, 오른쪽에 유럽이 있는 식이지요.

자신과 자신이 속한 집단을 특별하게 생각하는 건 사실 자연스러운 일입니다. 하지만 과학 혁명 이후 과학이 객관성을 확보해 나가는 과정에서 인간 중심주의는 차츰 허물어집니다. 앞으로 할 이야기는 과학이 이런 인간 중심주의를 어떻게 극복해 나가는가에 대한 이야기입니다.

國都之圖
天下也夫觀圖
籍而知地域之
遐邇亦為治之
一助也二公所以
拳拳於此圖者
其規模局量之
大可知矣近以
不才承乏參贊
以從二公之後樂
觀此圖之成而
深幸之既償吾
平日講求方冊
而欲觀之志又
喜吾他日退處
環堵之中而得
遂其臥遊之志
也故書此于圖
之下云是年秋
八月陽村權近
誌

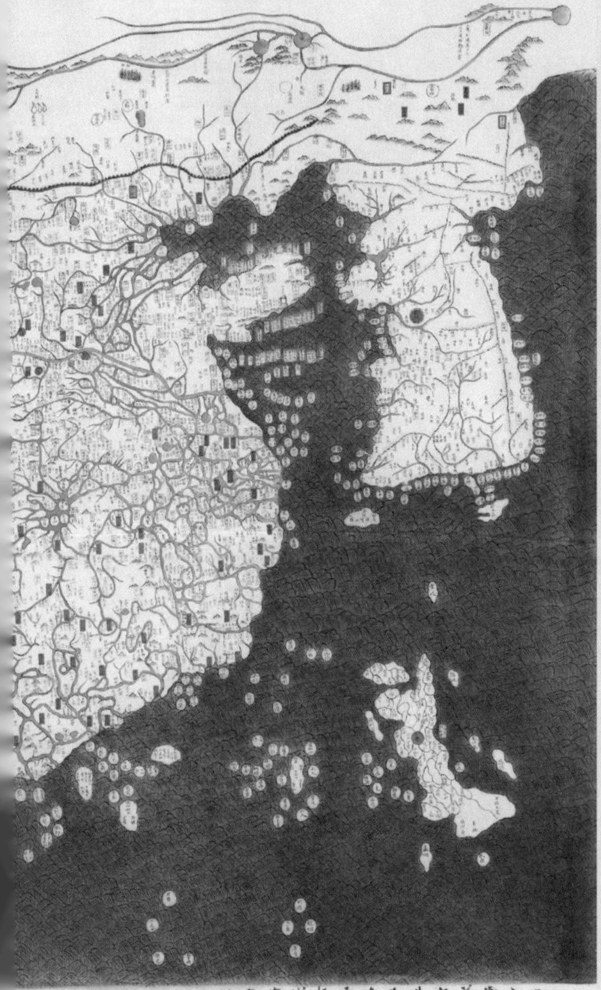

혼일강리역대국도지도.

15세기 조선 태종 2년에 제작된 세계 지도로, 우리나라 최초의 세계 지도로 알려져 있습니다. 중국이 전 세계의 절반 이상을 차지할 정도로 크게 그려져 있어 당시 중국 중심 세계관을 확인할 수 있습니다.

우주에 대한 질문

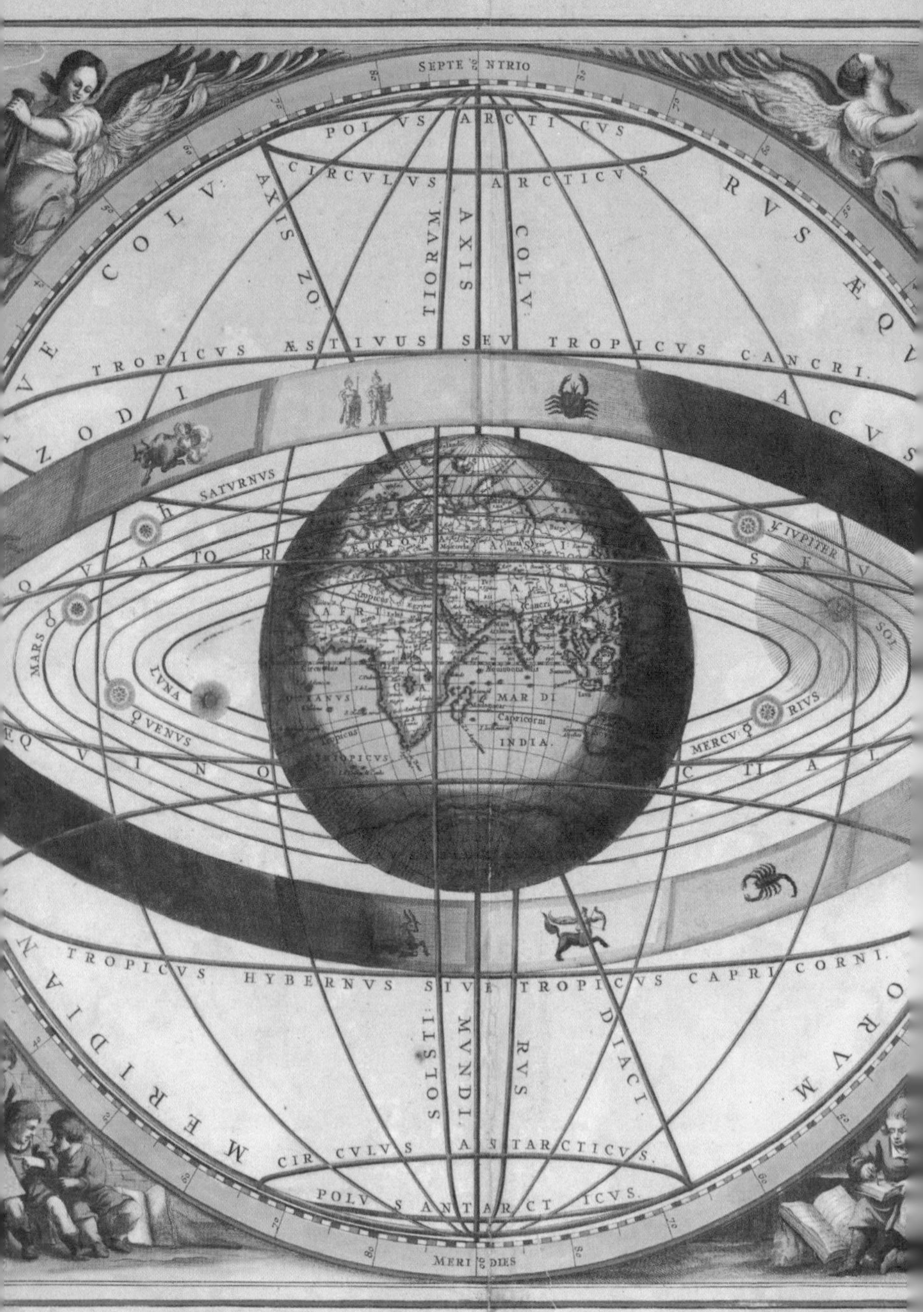
SEPTE NTRIO
POLVS ARCTICVS
CIRCVLVS ARCTICVS
VE COLV
RVS ÆQV
AXIS ZO
TIORVM
AXIS
COLV
TROPICVS ÆSTIVUS SEV TROPICVS CANCRI.
ZODI
ACVS
SATVRNVS
IVPITER
SEV
QVATOR
SOL
MARS
LVNA
VENVS
MERCVRIVS
ÆQVINOCTIALI
EVROPA
ASIA
AFRICA
MAR DI INDIA
Capricorni
TROPICVS HYBERNVS SIVE TROPICVS CAPRICORNI.
SOLSTI:
MVNDI.
RVS
DIACI
MERIDIANVS
ORVM
CIRCVLVS ANTARCTICVS.
POLVS ANTARCTICVS.
MERI DIES

신 없이 세상을 보다

고대 그리스에서는 하루 일이 끝난 저녁 무렵이면 시민들이 삼삼오오 극장에 모여 연극을 보곤 했습니다. 그런데 이런 연극 중에 가끔 김새는 결말을 맞이하는 경우가 있었습니다. 가령 두 명의 남자가 한 여자를 두고 경쟁합니다. 사소하게 시작된 두 남자의 갈등은 시간이 지나면서 고조되다 둘 중 악역을 맡은 이가 주인공의 생명을 위협하는 지경에까지 이릅니다. 주인공은 악당의 공격에 피를 흘리며 쓰러지고, 악당은 칼을 머리 위로 치켜올립니다. 악당의 승리로 끝날 것 같은 상황, 갑자기 공중에서 짠 하고 제우스가 나타나더니 악당에게 번개를 내리꽂죠. 악당이 허무하게 죽은 후 주인공은 신에게 감사하며 자신이 사랑하는 여자와 함께 행복한 결말을 맞습니다. 갑자기 신이 나타나 모든 문제를 해결해 버리다니, 너무 뜬금없죠? 그래서 당시에도 이런 어이없는 결말은 데우스 엑스 마키나Deus Ex Machina라고 해서 조롱거리가 됩니다. (데우스 엑스 마키나는 그리스어로 '기계 위의 신'이라는 뜻입니다. 연극에서 신 역할을 맡은 이가 기중기 같은 기계를 이용해 공중에서 등장한 데서 비롯된 말입니다. 실제 연극에서의 상황은 좀 더 복잡합니다만 여기서는 간단히 예로 들었습니다.)

고대 그리스에는 신화가 이런 데우스 엑스 마키나와 같다고 생각한 이들이 있었습니다. "왜 벼락이 치는 거지? 응, 제우스 신이 화가 나서 그래. 왜 바다에 폭풍이 이는 거지? 응, 포세이돈 신이 열 받아서 삼지창을 휘두른 거야. 왜 매일 낮과 밤이 바뀌는 거야? 응, 아폴론 신이 태양 마차를 몰고 지구를 한 바퀴 돌기 때문이지." 이렇게 세상에 여러 변화가 일어나는 이유를 모두 신에게 돌리는 게 마뜩잖았던 거죠. 이들은 신을 동원하지 않고도 세상의 여러 변화를 설명할 수 있기를 바랐습니다. 이들이 서양 최초의 철학자이자 과학자인 자연철학자들입니다. 자연철학자Natural Philosopher란 자연 현상을 종합적이고 통일적으로 해석해서 설명하려던 사람을 이르는 말입니다.

이들은 세상을 구성하는 기본 물질은 무엇인지, 또 변화의 원인은 무엇인지에 대해 다양한 질문과 답을 내놓습니다. 그중 첫 번째로 언급할 인물은 탈레스입니다. 그리스의 일곱 현자 중 맏이인 탈레스는 세상의 근본 물질이 물이라고 생각했습니다. 물이 만물의 근원이라니 지금 들으면 얼토당토않다고 여길 수 있지만, 사실 꽤 진지한 사유의 결과물이었습니다. 학교에서 물질은 기체, 고체, 액체의 세 가지 상태로 존재할 수 있다고 배우지요. 우리가 일상에서 보는 대부분의 물질은 고체나 기체 상태입니다. 가령 우리가 공기라고 부르는 것, 정확히 말하면 산소, 질소, 이산화탄소 등은 기체고, 이 책에서부터 우리가 입은 옷, 손에 쥔 휴대전화 등은 고체죠. 액체인 건 기름이나 수은 말곤 보기 힘듭니다. 그런데 물은 끓이면 기체가 되고 얼면 고체가 됩니다. 일상적인 온도에서는 액체고요. 이렇게 세 가지 상태를 보여 주는 대표적인 물질이 물이었던 거죠.

또한 물은 어디에든 있습니다. 하늘의 구름도 물(수증기)

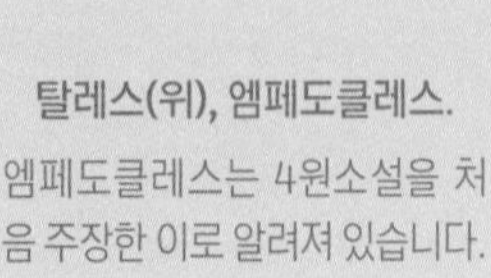

탈레스(위), 엠페도클레스.

엠페도클레스는 4원소설을 처음 주장한 이로 알려져 있습니다.

이고, 비나 눈으로 내리는 것도 물입니다. 바다는 그 자체로 물이죠. 땅을 파면 지하수가 올라옵니다. 모든 생물의 몸에서도 주성분은 물입니다. 가장 중요하게는, 물은 세상을 유지하는 존재이자 변화시키는 존재라는 점입니다. 생물은 물이 없으면 존재할 수 없죠. 가물어서 시든 식물도 비를 맞으면 다시 생기가 돌아 새순을 냅니다. 살아 있는 것이라고는 하나도 없을 것 같은 사막에도 물이 만드는 오아시스가 있지요. 강물이 흐르고, 지하수가 솟는 곳마다 생명이 넘칩니다. 강물이 강기슭을 깎아 내듯이 빙하도 흐르면서 주변 산을 깎아 냅니다. 파도가 치면 해안의 바위가 깎이고, 눈사태는 산의 지형을 바꿉니다. 탈레스가 보기에 육지는 바다 위에 떠 있는 섬이자 배였습니다. 이는 지중해를 삶의 터전으로 여겼던 그리스인들 고유의 생각이기도 하지요.

이런 맥락에서 탈레스는 세상의 근본 물질이 물이며, 물이 세상을 변화시킨다고 주장합니다. 이 주장에 신은 전혀 등장하지 않아요. 탈레스가 최초의 자연철학자라고 불리는 이유입니다. 이후 여러 자연철학자가 세상의 근본 물질이 무엇인지, 세상이 변화하는 이유는 무엇인지를 놓고 다양한 주장을 합니다. 공기가 세상의 근본 물질이며 공기가 성글게 모이는지 아니면 밀집해서 모이는지에 따라 다양한 물질을 구성한다고 주장한 이가 있는가 하면(아낙시메네스) 우리 눈에 보이지 않는 '아페이론'이라는 것이 세상의 근본 물질이라고 주장한 이도 있죠(아낙시만드로스). 만물의 근원은 불이라고 한 이도 있고(헤라클레이토스), 숫자라 주장한 이도 있습니다(피타고라스).

이런저런 논쟁이 이어지다가 고대 그리스 후기가 되자 만물의 근본은 물, 불, 흙, 공기 네 가지 원소라고 정리됩니다. 물론 여기서 이야기하는 물, 불, 흙, 공기는 우리가 일상에서 접하는 물이나 흙이 아니라 사물에 숨어 있는 속성이라고 이해해야 합니다. 다시 말해서 흙은 고체를, 물은 액체를, 공기는 기체를, 불은 에너지를 의미하는 것이지요. 사물이 존재하는 상태를 이 네 가지로 보여 주는 겁니다. 네 원소는 또한 가볍거나 무거운 속성, 습하거나 건조한 속성을 나타내는 것이기도 했습니다. 가볍거나 무거운 속성은 물체의 자연스러운 운동을 설명해 줍니다. 외부의 힘이 작용하지 않아도 가벼운 물체(공기, 불)는 알아서 위로 올라갑니다. 무거운 물체(물, 흙)

는 알아서 내려가지요. 한편 물체가 얼마나 습하고(물, 공기) 건조한지(흙, 불)는 생활에 중요한 문제였습니다. 음식에 물기가 많으면 빨리 상하고, 반대로 아주 마른 음식은 먹기에 쉽지 않습니다. 땅이 너무 건조하면 작물이 잘 자라지 못하고, 너무 질면 이동하기가 힘듭니다. 어쨌든 고대 그리스 자연철학자들은 네 가지 원소가 어떻게 섞여 있는지에 따라 물체의 자연스러운 속성이 결정된다고 여겼던 것이지요.

지상계와 천상계로 나뉜 세계

먼 옛날 그리스는 문명의 주변부였습니다. 당시 문명의 중심은 중동의 메소포타미아와 북아프리카의 이집트였죠. 탈레스를 비롯한 고대 그리스 지식인들은 으레 이 두 곳으로 유학을 떠나 여러 지식을 습득해 오곤 했습니다. 그런 지식 중 가장 중요한 것이 천문학이었고요.

이들이 배운 천문학에 따르면 달에서부터 그 위의 세계, 즉 천상계는 지상과 완전히 다른 세상이었습니다. 그곳에서는 해도, 달도, 별도 모두 변함없는 모습이었죠. 비록 달은 보름달이 되었다가 다시 이지러져 반달이 되고 초승달이 되었지만, 이는 달이 반사한 빛 중 지구를 향하는 부분이 달과 지구, 태양의 각도에 따라 달라지기 때문이라는 걸 배웠습니다. 또 일식이나 월식은 달이 태양을 가리거나, 지구가 달로 가는 태양빛을 가로막기 때문이라는 것도 알게 되었습니다. 별이든 달이든 태양이든 하늘의 모든 천체는 둥근 원 모양이었고, 매일 지구를 중심으로 묵묵히 원 운동을 할 뿐이었죠. 물론 아무 변화가 없는 것은 아니었습니다. 가끔 혜성이 긴 꼬리를 뒤로 뻗으며 밤하늘을 가로지릅니다. 별똥별이 순식간에 빛을 내며 타들어 가기도 하죠. 하지만 고대 그리스 자연철학자들은 혜성과 별똥별은 우주가 아닌 지상계 꼭대기에서 나타나는 현상이라 여겼으니 하늘의 무심함과는 상관없는 일이었습니다.

천상계와 달리 우리가 사는 지상은 무수한 변화가 일어나는 곳입니다. 먼저 주기적인 변화가 있지요. 매일 낮과 밤이 바뀝니다. 바다에서는 매일 밀물이 들어오고 썰물이 빠져나가죠. 또 일정한 시기마다 봄과 여름, 가을과 겨울이 왔다 가고요. 바람은 계절에 따라 그 방향이 바뀌고, 비나 눈이 오는 정도도 계절에 따라 달라집니다.

주기적이지 않은 변화도 있습니다. 폭우가 쏟아지는 날이 있고, 몇 주가 넘게 비 한 방울 내리지 않을 때도 있습니다. 가끔 벼락이 내리치기도 하죠. 구름이 모였다가 흩어지고, 햇빛이 내리쬡니다. 돌풍이 부는 날이 있는가 하면 바람 한 점 없는 날이 있습니다. 아무 징조도 없이 지진이 일어나고 화산이 폭발합니다.

그래서 자연철학자들은 세계를 지상계와 천상계 둘로 나눕니다. 이들이 보기에 별과 달, 해가 떴다 지는 천상계와 구름, 산, 강, 바다로 이루어진 지상계는 완전히 다른 세계였습니다. 그런데 지상계와 천상계는 왜 이렇게 다른 모습을 보이는 걸까요? 자연철학자들은 이것이 지상계와 천상계를 이루는 근본 원소가 다르기 때문이라고 생각했습니다. 그들은 지상의 물질은 물, 불, 흙, 공기라는 네 가지 원소로 이루어져 있는 반면, 천상의 물질은 네 가지 속성이 한데 모인 '에테르'라는 완전한 원소로 이루어져 있다고 생각했지요. 그런데 네 원소와 에테르는 무엇이 다르기에 두 세계가 이다지도 다른 걸까요?

핵심은 완전함과 불완전함입니다. 지상계를 이루는 원소

가 네 개나 된다는 건 그 자체로 불완전함을 뜻합니다. 게다가 물은 습하고 무겁습니다. 한쪽으로 치우친 거죠. 불은 가볍고 건조합니다. 역시 한쪽으로 치우쳤습니다. 흙도, 공기도 마찬가지입니다. 한쪽으로 치우쳤다는 건 불완전하다는 뜻이고, 이렇게 불완전한 원소로 구성되었으니 지상의 물질들 또한 불완전할 수밖에 없습니다. 불완전한 물질은 완전함을 향해 끊임없이 변한다고 자연철학자들은 생각했습니다. 요컨대 불완전한 물질로 이루어진 지상계는 주기적이든 비주기적이든 변화로 가득 찬 세계일 수밖에 없는 것이지요. 그리스 자연철학자들에게 지상계는 변화무쌍함이 그 본질입니다.

반면 천상계를 이루는 에테르는 네 가지 원소의 속성을 모두 가진 완전한 원소입니다. 무겁지도 가볍지도 않고, 습하지도 건조하지도 않습니다. 고대 그리스 사람들이 생각하기에 이런 완전함은 변화를 거부합니다. 이미 완전하기 때문에 더 이상 완전함을 향한 변화가 필요 없는 것이지요. 바로 그래서 천상계에 속한 해, 달, 별이 원형인 겁니다.

사각형이나 삼각형 등은 중심으로부터의 거리가 변의 어

우로보로스.

느 지점에서 재느냐에 따라 달라지지만 원은 어느 지점에서 재든 중심으로부터의 거리가 같습니다. 또한 다각형은 꼭짓점과 변에 위치한 점들이 구분되지만, 원은 꼭짓점도 변도 없어 원을 이룬 점들이 서로 구분되지 않습니다. 이런 형태 때문에 고대 그리스인을 비롯한 옛사람들은 원이 완전함을 상징한다고 생각했죠. 그래서 뱀이 자기 꼬리를 물고 원형을 이룬 우로보로스를 완전함의 상징으로 많이 썼습니다. 더구나 별이나 달, 태양이 1년을 주기로 지구 주위를 도는 궤도도 원형입니다. 이 또한 천상계의 완전함을 상징하는 거라 여겼지요. 그리스 자연철학자들이 보기에 이런 천상계는 고요함이 그 본질인 세계였습니다. (여기서 잠깐, 흔히 별을 오각성이라고도 하는 ☆ 모양으로 그리지만 고대 사람들도 별이 원형이라는 사실을 알고 있었습니다. 별빛이 불완전한 지상계의 대기를 통과하는 과정에서 흔들려 우리 눈에는 찌그러져 보인다는 사실 역시 알고 있었어요.)

지구가 우주의 중심이었을 때

네 가지 원소로 이루어진 지상계와 에테르로 이루어진 천상계라는 고대 그리스의 우주관은 아리스토텔레스에 의해 완성되었습니다. 아리스토텔레스는 당시 자연철학자들 가운데 가장 과학자에 가까운 사람이었습니다. 물론 그는 철학 쪽에서 활발한 연구와 저작 활동을 했습니다. 정치학, 윤리학, 논리학 등 아리스토텔레스가 영향을 끼치지 않은 철학 분야가 없을 정도이지요. 하지만 그는 뛰어난 과학자이기도 했습니다. 아리스토텔레스는 물리적 운동이 왜 일어나고 물체와 물체 사이의 상호 작용은 어떻게 일어나는지를 연구했는데, 이는 오늘날의 물리학에 해당하는 내용입니다. 또 그는 만물을 이루는 근본적인 원소에 대해, 이 원소들의 속성에 대해 연구했습니다. 이는 이후 화학의 기원이 되지요. 이게 끝이냐고요? 아니요. 그는 동물을 관찰하여 피가 있는지 없는지에 따라, 생식 방법에 따라 분류했습니다. 우리가 생물학이라고 부르는 것이지요. 이뿐만 아니라 번개, 구름, 비, 눈, 바람 같은 기상 현상에 대해서도 연구했습니다. 그가 남긴 책의 절반 이상이 과학을 다룬 것입니다. 르네상스 시기까지 서양 과학은 곧 아리스토텔레스라고 해도 과언이 아닐 정도죠.

플라톤과 아리스토텔레스.

아리스토텔레스에 따르면 우주의 중심은 지구입니다. 흔히 옛사람들은 지구가 평평하다고 생각했으리라고 알고 있지만, 그렇지 않습니다. 그리스 자연철학자들은 지구가 둥근 공 모양이라는 사실을 누구보다 잘 알고 있었습니다. 우리가 중학교 1학년 때 배우는 '지구가 둥근 증거' 중에 인공위성에

13세기 백과사전에 실렸던 이 삽화는 네 가지 원소를 보여 줍니다.

서 촬영한 사진을 제외하곤 모두 그리스 자연철학자들이 지구가 둥글다는 증거로 이야기한 것이죠. 다만 그들은 이런 둥근 공 모양의 지구 가운데가 우주의 중심이기도 하다고 여겼습니다. 지구 바깥 달에서부터 더 높은 곳은 천상계입니다. 천상계 제일 아래쪽에 달이 있고, 달 위에 수성, 수성 위에 금성, 금성 위에 태양이 있습니다. 그 뒤로는 화성, 목성, 토성이 차례로 늘어서 있고, 그 바깥에는 별들이 천구라 하는 둥근

막에 박혀 있는 형상이었습니다.

아리스토텔레스는 지상의 운동을 자연스러운 운동과 부자연스러운 운동으로 나누었습니다. 자연스러운 운동이란 외부의 힘이 작용하지 않아도 물체의 속성에 따라 자연스럽게 일어나는 운동을 말합니다. 가령 물을 끓이면 수증기는 누가 시키지 않아도 위로 올라갑니다. 마찬가지로 불을 붙이면 위로 타오르지 아래로 타오르진 않지요. 이렇게 공기와 불의 속성을 가진 물체는 자연스럽게 위로 올라갑니다. 지상계 가장 위쪽이자 천상계 바로 아래가 그들이 원래 있어야 할 곳이기 때문입니다.

반면 비는 항상 아래로 내리고, 강물도 아래로 흐릅니다. 돌을 굴리면 산 아래로 내려가지 위로 올라가지는 않지요. 물과 흙의 속성을 가진 물체는 자연스럽게 아래로 내려갑니다. 그들이 원래 있어야 할 곳은 지상계 가장 아래, 즉 지구의 중심이기 때문입니다. 이렇게 물체가 구성하고 있는 원소의 속성상 원래 있어야 할 곳을 찾아가는 운동을 '자연스러운 운동'이라고 합니다. 그러나 외부의 힘이 작용하면 이런 자연스러운 운동이 부자연스럽게 변합니다. 투수가 던진 공이 포물선을 그리며 날아가는 것이나, 타자가 배트로 친 공이 반대 방향을 향해 날아가는 것이 바로 그런 부자연스러운 운동입니다.

하지만 천상계에는 자연스러운 운동만 있고 부자연스러운 운동은 없습니다. 천상계에는 외부에서 힘을 가할 존재가 없기 때문이죠. 또한 천상계의 천체들은 수직으로 움직이지 않습니다. 현재 있는 위치가 애초에 그들이 있어야 할 곳이기 때문입니다. 다른 곳으로 갈 필요가 없는 거죠. 그래서 그들은 지구의 중심, 곧 우주의 중심으로부터 일정한 거리에 고정되어 있습니다. 어라, 1년에 한 번 지구를 중심으로 공전한다고 하지 않았나요? 그렇습니다. 천체는 고정되어 있지만 그들이 박혀 있는 천구가 움직이기 때문에 우리 눈에는 천체가 움직이는 듯 보이는 거라고 아리스토텔레스는 생각했습니다. 이런 아리스토텔레스의 생각은 당대 천문학자였던 히파르코스와 프톨레마이오스에 의해 수학적으로 표현되고 완성됩니다. 우리가 흔히 천동설이라고 하는 아리스토텔레스의 우주관은 2000년 가까이 서양과 이슬람 사회를 지배합니다.

프톨레마이오스.

그런데 그들은 왜 완벽한 천체들이 굳이 불완전한 지구를 중심으로 움직이는지에 대해서는 별다른 말이 없었습니다. 일부러 대답하기를 피한 것이 아닙니다. 지구가 우주의 중심인 것이 너무나 당연해서 언급할 필요조차 느끼지 못했던 거지요. 당시에도 태양이 지구보다 더 큰 천체이니 지구가 태양 주위를 도는 것이 맞지 않느냐고 이의를 제기하는 사람들이 있었습니다만, 그들은 그런 의문을 철없는 것 내지 어이없는 것으로 치부했습니다.

왜 옛 과학자들은 실험을 하지 않았을까?

고대 그리스에 삶과 우주의 진리를 궁구하는 자연철학자들이 있었다면 현대 세계에는 자연의 근본 원리를 파헤치는 과학자가 있습니다. 그리고 이들 자연철학자와 과학자 사이에는 약 2000년의 간격이 존재하죠. 근대 과학자는 고대 자연철학자와 어떤 면에서 다를까요? 여러 차이가 있지만 여기서는 '실험'에 대한 태도를 이야기하고 싶습니다.

흔히 고대 자연철학자는 실험을 하지 않았고 근대 과학자는 실험을 했다고 여기지요. 하지만 정확히 말하자면 고대 자연철학자는 실험이 자연을 연구하는 올바른 방법이 아니라고 생각했고, 근대 과학자는 실험이야말로 자연의 원리를 파악하는 핵심적 도구라고 생각했습니다. 실험을 놓고 정반대되는 태도를 보이는 거죠.

고대 그리스 자연철학자들이 실험을 거부한 이유는 그들의 세계관에서 찾을 수 있습니다. 그들에게 세계는 그 자체로 하나였습니다. 세계에 속한 어떤 물질이나 사람이든 서로의 관계와 상호 작용 속에서만 온전할 수 있고, 그럴 때에만 존재 의미가 있다고 생각했죠. 그들은 이런 조화로운 세계의 일부를 뚝 떼어 내 특정한 조건에서 행한 실험은 별다른 의미가 없다고 여겼습니다. 자연스러운 상태를 일부러 부자연스러운 상태로 만들어 한 실험으로는 세계의 본질을 알 수 없다고 생각했던 것이지요. 그래서 그들은 실험보다는 존재를 있는 그대로 관찰하는 것이 본질을 파악하는 데 더 적합하고 올바르다고 여겼습니다. 예를 들어 진달래를 파악하기 위해서는 진달래가 실제로 피어 있는 곳에 가야 합니다. 어떤 곳에 뿌리내리고 있는지, 어떤 곤충이 꽃가루받이를 하는지, 이

18세기 화학 실험실을 묘사한 그림입니다.

웃한 다른 풀들은 어떤 종류인지, 어떤 동물이 이파리를 뜯어 먹는지 등을 다 살펴야 진달래를 온전히 이해할 수 있다고 여기는 것이죠. 진달래를 뿌리째 캐서 집에 가져와 관찰해 봤자 얻을 게 없다고 생각했습니다.

이에 반해 근대 과학자는 분석적입니다. 세상은 여러 요소가 복합적으로 작용하는데 이 모두를 한꺼번에 다루다 보면 각각을 제대로 이해하기 어렵다고 여깁니다. 그래서 여러 요소 중 하나를 제대로 이해하기 위해서는 다른 요소들을 배제해야 한다고 생각합니다. 흔히 변인 통제라고 하지요. 다시 진달래를 예로 들어 보겠습니다. 광합성에 햇빛이 얼마나 큰 영향을 미치는지를 파악하기 위해 크기가 같은 진달래나무 두 그루를 외부와 차단된 두 공간에 각각 배치합니다. 햇빛 외의 다른 요소를 배제하기 위해 물도 같은 양을 주고, 실험실 온도도 같게 조절합니다. 이렇게 광합성에 영향을 미치는 다른 요인들은 동일하게 맞추고 빛의 양만 달리해서 비추면, 빛이 광합성에 미치는 영향을 확인할 수 있습니다. 이런 방식을 분석적 방법이라고 하는데, 실험이 딱 맞춤한 것이지요.

물론 이 두 방법 중 어느 하나만이 옳고 다른 하나가 틀리다고 말할 수는 없습니다. 둘은 서로 보완적인 관계이기도 하니까요. 그러나 현대 과학이 발전하는 데 실험을 통한 분석이 크게 이바지한 건 사실입니다.

달과 지구와 태양의 삼각형

지구가 우주의 중심이라고 여겼던 생각을 천동설이라고 합니다. 하늘이 지구를 중심으로 돈다는 의미죠. 이 생각을 완전히 바꿔서 태양이 우주의 중심이고 지구를 비롯한 행성과 별들은 태양 주위를 돈다고 주장했던 사람이 바로 코페르니쿠스입니다. 하지만 지동설, 즉 지구가 움직인다고 처음 주장한 사람은 코페르니쿠스가 아닙니다. 그보다 훨씬 전, 고대 그리스 천문학자 아리스타르코스입니다. 아리스타르코스는 태양의 크기와 태양까지의 거리를 처음 측정한 사람이기도 합니다.

아리스타르코스는 아무 근거 없이 지동설을 주장한 것이 아닙니다. 당시로서는 가장 뛰어난 관측과 논리를 동원한 주장이었죠. 그는 먼저 달과 지구, 태양을 꼭짓점으로 하는 삼각형을 생각합니다. 당시에도 이미 달은 태양빛을 반사한다는 사실이 알려져 있었습니다. 아래 그림처럼 반달이 뜰 때는 달과 지구를 잇는 선과 태양과 달을 잇는 선이 직각을 이룹니다. 이때 지구-태양을 잇는 선(s)과 달-지구를 잇는 선(m) 사이의 각(a)은 약 87도였지요. (실제로는 89.85도입니다.) 이를 토대로 계산해 보니 지구와 태양 사이 거리는 지구와 달 사이 거리의 20배 정도라는 결론에 도달했습니다. (실제로는 약 390배입니다.)

지구에서 볼 때 태양과 달의 크기는 거의 같습니다. 우리 눈에 보이는 물체의 크기는 거리에 비례해서 작아집니다. 태

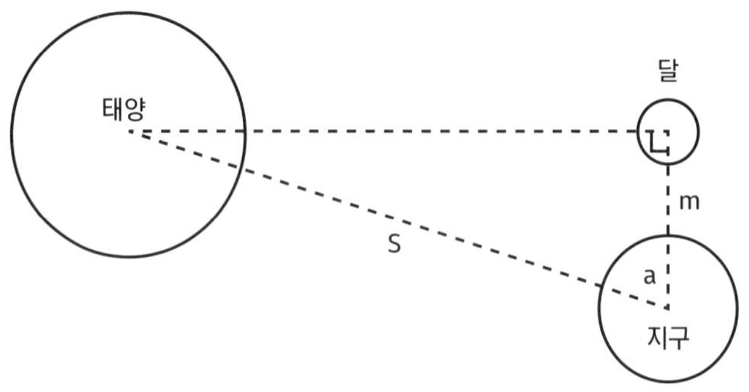

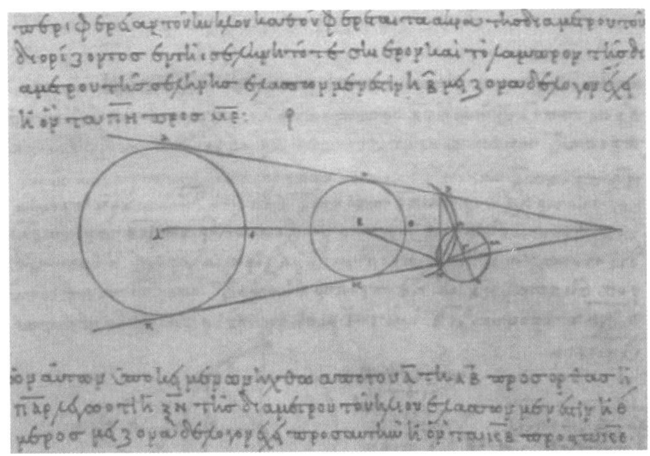

아리스타르코스가 태양과 지구, 달의 상대적인 크기를 계산한 것입니다.

양은 달보다 20배 먼 곳에 있는데도 달과 비슷한 크기처럼 보이니, 원래 크기는 20배 정도 크다고 생각했던 것이지요. 아리스타르코스는 월식을 통해 지구와 달의 크기가 얼마나 차이 나는지도 알아냅니다. 월식은 달이 지구의 그림자 속에 들어가 보이지 않는 현상이지요. 아리스타르코스는 달이 지구의 그림자 속으로 들어가는 데 걸린 시간과 그림자 밖으로 나오는 데 걸린 시간을 관찰합니다. 이를 통해 달이 지구의 0.3배에서 0.4배 크기라는 값을 구하죠. 따라서 태양의 크기는 지구의 6~8배 정도가 됩니다. (실제로는 약 109배입니다.)

아리스타르코스는 생각했지요. 지구보다 작은 달이 지구 주위를 돌듯이, 지구가 자신보다 훨씬 큰 태양 주위를 도는 것이 맞지 않을까? 게다가 지구가 태양 주위를 돈다면 골치를 썩이던 문제 하나가 완전히 해결됩니다. 바로 행성들의 공전 궤도 문제죠. 앞서 이야기했던 것처럼 그리스 자연철학자와 천문학자들은 모든 천체는 원 운동을 해야 한다고 생각했습니다. 그런데 당시 알려져 있던 천체 중 다섯 행성은 원 궤도를 그리지 않았습니다.

가령 어떤 별이 오늘 저녁에 남산 위로 떴다고 생각해 보죠. 이 별은 내일 저녁에는 어제보다 조금 오른쪽으로 옮겨 가서 뜨게 됩니다. 모레에는 또 내일보다 조금 더 오른쪽으로 옮겨 가죠. 이렇게 매일 조금씩 오른쪽으로 이동해서 1년이 지나면 다시 제자리로 돌아옵니다. 이는 지구가 매일 태양 주위를 공전하기 때문에 나타나는 현상입니다. (고대 그리스 사람들은 별들이 지구 주위를 공전하기 때문에 나타나는 현상이라고 생각했지만요.) 하지만 행성들은 달랐습니다. 행성은 모두 태양을 중심으로 원에 가까운 궤도를 도는데, 화성이나 목성 등은 공전 속도가 지구보다 느립니다. 그래서 지구가 화성이나

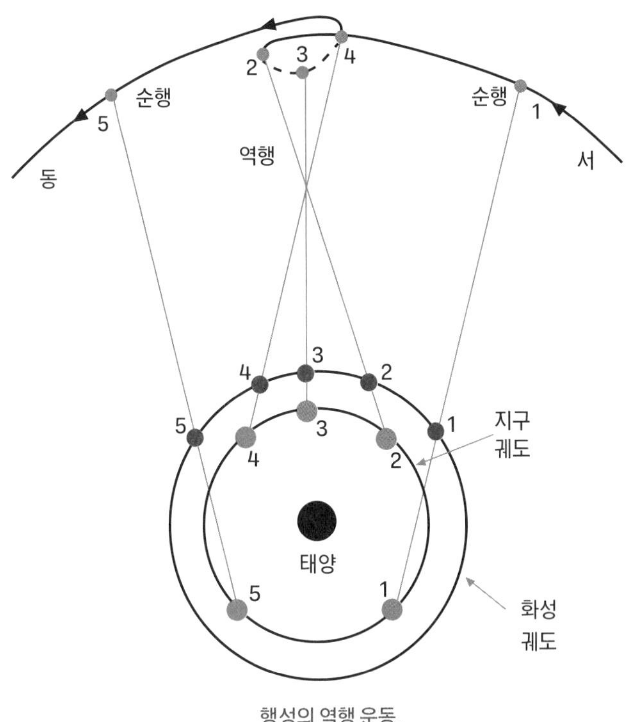

행성의 역행 운동.

지구(초록색)가 화성(빨간색)을 앞지를 때, 화성은 일시적으로 반대 방향으로 움직이는 것처럼 보입니다.

목성 등을 추월할 때가 있습니다. 이때 화성이나 목성은 원래 진행하던 방향 반대로 움직이는 것처럼 보이는데, 이를 행성의 역행 운동이라 합니다.

천체는 모두 지구를 중심으로 원 운동을 해야 하는데 행성은 그렇지 않다는 것. 이것이 당시 그리스 천문학자들에게 가장 골치 아픈 문제였습니다. 그런데 아리스타르코스의 주장대로 태양이 우주의 중심이라면 행성의 역행 운동은 단박에 설명 가능해집니다. 아리스타르코스는 자신만만하게 지동설을 주장하지요. 하지만 그의 주장은 고대 그리스 천문학계에 받아들여지지 않습니다. 감히 지구가 우주의 중심이 아니라는 걸 아무도 받아들이려 하지 않은 겁니다.

그로부터 1000년도 더 지난 뒤에, 이탈리아로 유학을 떠난 코페르니쿠스는 아리스타르코스가 쓴 책에서 지동설을 처음 접합니다. 당시 코페르니쿠스의 고민은 제멋대로 움직이는 행성의 운동을 우아한 원 궤도로 만드는 것이었습니다. 아리스타르코스에게서 그 답을 찾았고요. 그에게는 우주의 중심이 지구인지 태양인지보다 천상계의 모든 천체가 원 운동을 하는 것이 훨씬 중요했습니다. 그리고 코페르니쿠스는 아리스타르코스보다 운이 좋았습니다. 아리스타르코스가 살았던 시대와 달리 코페르니쿠스 시대의 유럽 천문학자들은 지동설을 지지하기 시작했기 때문입니다. 불과 몇십 년 뒤에는 (적어도 유럽 천문학자들 사이에서는) 지동설이 주류로 자리 잡지요.

머나먼 별, 광활한 우주

그런데 이 지동설에 따르면 해결되지 않는 문제가 있습니다. 연주 시차 문제죠. 지구가 태양 주위를 공전한다면 지구에서 바라본 별의 위치가 계속 바뀌어야 합니다. 아래 그림처럼 말이죠. 하지만 아리스타르코스가 지동설을 주장했을 때도 그렇고, 코페르니쿠스가 다시 지동설을 들고나왔을 때도 그렇고, 별을 아무리 봐도 연주 시차는 관찰되지 않았습니다.

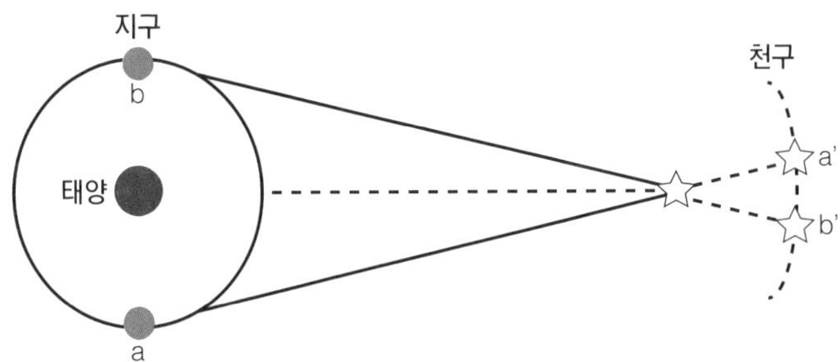

지구가 공전하면서 a에서 b로 이동한다면 지구에서 바라본 별도 a'에서 b'로 이동해야 합니다.

연주 시차가 관찰되지 않는 경우는 두 가지입니다. 하나는 지구가 우주의 중심이라 태양 주위를 돌지 않는 경우죠. 다른 하나는 별까지의 거리가 너무 멀어 우리 눈으로는 연주 시차를 관찰할 수 없는 경우입니다. 코페르니쿠스 이전에는 천동설, 즉 지구가 우주의 중심임을 믿었기 때문에 연주 시차가 관찰되지 않는 게 당연하다고 여겼습니다. 연주 시차를 관찰할 수 있을 만큼 우주가 광활하다고 생각하지도 않았고요. 하지만 이제 사람들의 생각이 바뀝니다. 지동설이 옳다면 연주 시차가 나타나지 않는 것을 달리 생각해 봐야 한다고 말이지요. 답은 간단합니다. 별까지의 거리가 너무 멀었던 겁니다.

가령 이런 실험을 생각해 보세요. 어두컴컴한 한밤중에 여러분의 친구가 5미터쯤 떨어져서 촛불을 자기 왼편이나 오른편에 두는 겁니다. 5미터 정도라면 촛불을 어느 쪽에 뒀는지 금방 알아차릴 수 있지요. 그런데 100미터쯤 떨어져 있어서 친구가 있다는 걸 겨우 아는 정도라면 촛불이 어느 쪽에 놓여 있는지 분간하기는 쉽지 않지요. 그렇다면 500미터쯤 떨어져 있다면 어떨까요? 촛불이 희미하기는 하겠지만 어떻게든 볼 수는 있을 겁니다. 하지만 좌우 어느 쪽에 있는지는 알 수 없겠죠.

마찬가지로 별까지의 거리가 너무 멀면 연주 시차를 관찰할 수 없습니다. 결국 우리가 별의 연주 시차를 관찰할 수 없다는 건, 이전까지 생각했던 것보다 우주가 훨씬 더 넓다는 뜻이었죠. 이전에는 별까지의 거리가 목성까지의 거리보다 3~4배쯤 멀다고 생각했습니다. 아무리 멀어도 10배 정도였죠. 그런데 이제 별까지의 거리가 목성까지의 거리보다 1000배, 1만 배, 10만 배 멀다는 걸 알게 된 겁니다.

그런데 여기서 한발 더 나아간 사람들이 있었습니다. 이런 생각이었죠. 만약 저렇게 먼 곳에서도 반짝거리는 별이 가까이 있다면 얼마나 더 밝을까? 별까지의 거리를 정확하게 측정할 만한 기술이 없었던 때입니다만, 최선을 다해서 계산해 봅니다.

당시 알고 있었던 건 빛의 밝기가 거리의 제곱에 반비례한다는 것이었습니다. 즉 거리가 2배가 되면 밝기는 4분의 1이 되고, 거리가 10배가 되면 밝기는 100분의 1이 된다는 거죠. 그럼 거리가 1만 배가 되면 밝기는 1억분의 1로, 거리가 10만 배면 밝기는 100억분의 1로 줄어듭니다. 그렇다면 저 별들이 태양과 같은 거리에 있다면 어떨까요? 거의 태양만큼 밝을 거라는 결론이 나옵니다. 여기에 이르자 과학자들 중 일부는 생각합니다. 태양과 밝기가 같다면, 저 별도 그냥 태양과 같은 천체라고 봐야 하는 게 아닐까? 만약 저 별들이 태양과 같다면 이 우주에는 수많은 태양이 존재한다는 이야기가 되겠군. 그렇다면 저 별들 사이의 거리도 태양과 별들 사이만큼이나 멀 수도 있겠어! 이런 생각 속에서 우주가 다시 더 넓어집니다.

하지만 관성은 엄청난 힘을 갖고 있습니다. 이제 더 이상 지구가 우주의 중심이라고 믿지 않으면서도, 여전히 태양과 태양계가 우주의 중심일 거라고 믿었던 것이지요. 밤하늘의 별을 관찰하며 지도를 그릴 때에도 항상 태양계를 중심에 놓았습니다. 별 근거는 없었지만 문제 없었습니다. 동서남북 어딜 봐도 별들이 균일하게 있었으니까요. 정말 태양계는 우주의 중심인 듯했습니다. 그러나 그 또한 아니었습니다. 20세기 들어 망원경이 발명되고, 우주를 관측하는 기술이 정교해지고,

물리학과 천문학이 발달하면서 새로운 사실들이 밝혀집니다.

이전까지 우주는 곧 은하였습니다. 우리은하가 바로 우리 우주였죠. 그런데 이제 우주에는 우리은하 말고도 안드로메다은하, 마젤란은하 같은 은하들이 가득하다는 게 밝혀졌죠. 게다가 아인슈타인의 일반상대성 이론에 따르면 글쎄 우주에는 중심이 없다는 겁니다. 예를 들면 이런 겁니다. 원이 있다고 치죠. 원을 따라 쭉 가다 보면 중심이 나올까요? 전혀 그렇지 않죠. 원의 중심은 원둘레가 아니라 원의 한가운데이니까요. 야구공이나 축구공 같은 구도 마찬가지입니다. 구의 표면에는 중심이 없습니다. 구의 한가운데에 있지요. 우주도 마찬가지로 어디가 중심이라고 짚을 수 없습니다. 우주 자체가 삼차원이니, 삼차원을 벗어난 중심을 그림으로 보여 줄 수도 없고요.

이렇게 천문학의 발전은 지구가 우주의 중심이라 여겼던 우리의 생각을 완전히 바꾸어 놓습니다. 지구가 아니라 태양이라고 했다가, 태양계라고 했다가, 우리은하라고 했다가, 마침내 우주에는 중심이 없다는 결론을 짓게 되었지요. 지구는 이제 우주의 다른 곳과 완전히 평등하게 평범한 곳이 되었습니다.

외계인은 존재할까

지동설이 굳어지면서 사람들 중에는 이런 상상을 하는 이들이 생겼습니다. 만약 저 별들이 전부 태양이라면, 별 하나하나마다 행성을 거느리고 있겠지? 태양이 수성, 금성, 지구, 화성, 목성, 토성 등을 거느리듯이 저 별들 주위를 도는 행성들이 있을 거야. 그렇다면? 그런 행성들 중에는 지구처럼 인간이 사는 곳도 있을 게 분명해! 코페르니쿠스에서 갈릴레이에 이르기까지 100여 년 사이에 외계 지성체를 처음 떠올린 사람이 누구인지는 분명하지 않지만, 외계 지성체가 존재한다는 주장으로 가장 유명한 사람은 이탈리아 수도사 조르다노 부르노였습니다. 그는 갈릴레이보다 조금 일찍 활동한 사람인데, 외계 지성체가 있다는 주장을 과감하게 펼쳤죠.

조르다노 부르노.

이에 교황과 가톨릭교회는 엄청나게 분노합니다. 앞서 우리가 봤던 것처럼 신화와 종교는 인간 중심주의에 기반하고 있습니다. 신이 중심인 것 같지만 사실 진짜 중심은 신의 관심과 사랑을 독차지하는 인간이죠. 따라서 이성을 가지고 신을 따르는 지성체는 인간이 유일해야 합니다. 지동설도 못마땅한 마당에, 우주에 인간과 같은 지성체가 있다고 하니 가만 놔둘 수가 없는 겁니다. 조르다노 부르노는 외계 지성체에 대한 주장만이 아니라 삼위일체와 예수의 신성을 인정하지 않는 등 당시 가톨릭과는 다른 주장을 펼쳐 교회에서 쫓겨나게 됩니다. 이탈리아를 떠나 스위스, 프랑스 등으로 도망을 가지요. 하지만 그는 그곳에서도 자신의 주장을 굽히지 않습니다. 오히려 더 열성적으로 사람들에게 알리지요. 그렇게 수년간 해외를 떠돌던 조르다노 부르노는 다시 이탈리아로 돌아옵니다. 잡힐 걸 뻔히 알면서 말입니다. 하지만 감옥에 갇혀 고문을 당하면서도 자신의 신념을 철회하지 않았죠. 결국 1600년, 조르다노 부르노는 로마 한복판에서 화형을 당합니다.

그로부터 200년이 더 지난 지금까지도 외계인의 존재에 대해 여러 의견이 있습니다. 천문학에 관련된 강연을 나가면

꼭 받는 질문 중 하나가 외계인이 있다고 믿느냐는 것이죠. 사실 과학은 믿음이 아닙니다. 증명된 사실과 아직 증명되지 못한 가설이 있을 뿐입니다. 외계인의 존재는 어떨까요? 저는 외계인을 묻는 질문에 이렇게 답합니다.

외계인이 존재할 확률은 100%에 가깝습니다. 우주는 외계인이 절대로 없을 확률이 0%에 수렴할 정도로 넓기 때문입니다. 우리가 로또를 살 때 당첨될 확률이 0.00000001%라고 하죠. 아주 낮은 확률입니다. 하지만 1억 명이 로또를 사면 1명은 당첨될 확률이기도 하죠. 만약 태양과 닮은 어떤 별의 행성에 지성을 가진 존재가 있을 확률이 0.0000000000000000001%라고 합시다. 1000조에 100을 곱한 값의 1이라는 극히 낮은 확률입니다. 하지만 우주에 태양을 닮은 별은, 이 숫자에 1000억을 곱한 값보다 더 많을 겁니다. 그러니 확률로만 따지자면 우주에 지성을 가진 존재가 있을 확률은 100%에 가깝습니다.

하지만 지구인이 이 존재를 만날 확률은 0%에 가깝습니다. 우주가 너무 넓기 때문입니다. 태양계에서 가장 가까운 별은 알파 센타우리인데 4.37광년 떨어져 있습니다. 빛의 속도로 4.37년을 가야 한다는 거죠. 하지만 아인슈타인의 특수 상대성 이론에 따르면 우주의 어떤 물질도 빛의 속도를 내지 못합니다. 현재 인류가 가진 가장 빠른 우주선은 미국 항공우주국(NASA)의 우주 탐사선 파커 솔라 프로브로, 1시간에 무려 69만 킬로미터를 갑니다. 그러나 이 우주선으로도 알파 센타우리까지는 약 7374년이 걸립니다. 지금보다 100배 빠른 우주선을 개발하더라도 730년이 걸리는 셈이니 당분간 우리가 알파 센타우리로 갈 방법은 없습니다. 더욱이 지구와 가까운 우주에 이런 지성체가 있을 확률은 지극히 낮습니다. 비교적 가까운 곳에 문명의 증거가 남아 있다면 지구에서 망원경 등으로 관찰할 수 있을 텐데 아직 나타나지 않았기 때문이죠. 아마 외계인이 있어도 지구에서 아주 멀리 떨어진 곳에 있을 겁니다. 결국 직접 만나는 것은 불가능에 가깝죠. 비유하자면 남아메리카 안데스산맥의 개미와 우리나라 태백산맥의 개미가 온 힘을 다해 평생을 걸어도 서로 만나기 힘든 것과 비슷하다고나 할까요?

그러나 지성을 가진 생명체를 발견할 확률은 이보다 조금 더 높습니다. 전파가 있으니까요. 우리가 미국에 있는 누군가와 직접 만나기는 힘들어도 인터넷을 통해 메일을 주고받고, SNS를 통해 일상을 들여다보듯이 지구인과 외계인은 전파를 통해 서로의 존재를 확인할 수 있습니다. 전파는 빛의 속도로 가니까 훨씬 빠르죠. 어쩌면 외계 지성체는 벌써 우주의 다른 지성체를 향해 전파를 쏘았는데 아직 지구에 닿지 못했는지도 모릅니다. 그 전파는 지금도 열심히 우주를 달려 우리에게 오고 있는 중이겠죠. 언제일지 모르지만 우리는 외계 지성체가 쏜 전파를 받을 수 있을 겁니다. 비록 직접 만나지는 못하더라도 수만 광년 혹은 수백만 광년 떨어진 우주 어딘가에 우리를 향해 손을 흔든 외계 지성체가 있다는 사실을 발견하는 것만으로도 가슴이 벅차오르지 않을까요?

그런데 여기서 하나 더 생각해 볼 것이 있습니다. 우리는 흔히 '천동설'과 '지동설'이라고 하지만 서양에서는 이 개념을 조금 다르게 부릅니다. 천동설은 '지오센트리즘Geocentrism'이라고 하고 지동설은 '헬리오센트리즘Heliocentrism'이라고 하지요. 직역하면 지구 중심설, 태양 중심설이라고 할 수 있습니다.

이 용어를 천동설, 지동설이라 번역했던 이들은 우주의 중심이 어디인지보다는 무엇이 움직이고 있는가에 초점을 맞추었던 것이죠. 갈릴레이가 지동설을 주장했다가 종교 재판에 끌려가 자신의 주장을 철회한 뒤 재판정을 나오면서 했다는 유명한 말이 "그래도 지구는 돈다."입니다. (실제로 이 말을 했을 가능성은 매우 낮습니다.) 이 말이 지금껏 갈릴레이와 관련된 일화에서 가장 널리 알려진 것은 사람들 사이에서 지구가 도느냐 돌지 않느냐가 중요했던 탓이겠지요. 서양의 과학이 들어오기 전 동아시아(중국, 일본, 한국)에서는 세상의 중심이 여전히 지구였고, 세상은 지구를 중심으로 움직이고 있다고 생각했습니다. 그런데 지구가 가만히 있는 게 아니라 움직이고 있다니, 정말이지 놀라운 발견이지 않을 수 없었습니다. 그래서 지구가 움직인다는 뜻에서 ‘지동설’이라는 말이 먼저 쓰이고, 그렇다면 이전의 이론은 지구가 아니라 하늘이 움직이는 것이니 ‘천동설’이라 하자고 정했던 거죠.

하지만 지동설과 천동설이라는 용어로는 서양에서 ‘코페르니쿠스적 전환’이라고 부르는 것을 온전히 이해하기 어렵습니다. 앞서 아리스토텔레스가 세상을 지상계와 천상계로 나누었다고 했습니다. 또하나. 이 두 세계는 서로 다른 원소로 이루어져 있고, 그에 따라 천상계에서는 원 운동이, 지상계에서는 수직 운동이 자연스럽게 이루어진다고 했죠. 또한 지상계의 모든 물질이 가지는 다양한 모습은 4원소의 적절한 혼합에 의한 것이라고 했습니다. 이렇게 아리스토텔레스의 세계관은 지구가 우주의 중심이라는 것에서 시작해 만물의 변화와 운동을 설명하는 아주 치밀한 것이었습니다.

그러니 지구가 우주의 중심이라는 지오센트리즘이 깨지면 세계관 전체가 무너질 수밖에 없습니다. 4원소 이론은 설 자리를 잃고, 위로 향하는 자연스러운 운동, 아래로 향하는 자연스러운 운동 모두 새로운 설명이 필요해집니다. 이렇게 되자 과학에서도, 철학에서도 근본적인 변혁이 일어날 수밖에 없었죠. 이렇게 코페르니쿠스로부터 시작된 일대 변화를 ‘과학 혁명’이라고 합니다. 이는 단지 우주의 중심이 지구에서 태양으로 옮겨 간 것만을 가리키는 게 아닙니다. 우주의 중심이 바뀌면서 행성이 태양 주위를 돌고, 돌이 땅에 떨어지는 이유(우리는 중력 때문이라는 걸 알지요.)를 새로 설명해야 했지요. 또 이전까지 세계는 천상계와 지상계로 나뉘었는데, 지구 또한 우주의 일부분에 불과하다는 것을 알게 됐고요. 말하자면 과학 혁명은 서양 역사에서 1000년 이상 유지되었던 세계관이 완전히 허물어지는 일이었던 겁니다. 서양에서 '코페르니쿠스적 전환'이라는 말을 쓰는 이유지요.

지동설을 주장해 이른바 '코페르니쿠스적 전환'을 불러온 코페르니쿠스(위)와 코페르니쿠스가 주장한 우주 모델(오른쪽). 중심에 지구가 아닌 태양sol이 박혀 있는 것을 볼 수 있습니다.

ratione salua manente, nemo enim conuenientiore allegabit q ut magnitudine orbium multitudo tpis metiatur, ordo sphaerarum sequitur in hunc modū: a summo capientes initium.

Prima et suprema omniū est stellarum fixarum sphaera seipsam et omnia continens ideoqz imobilis Nempe universi locus ad quē motus et positio ceterorū omniū syderum conferatur Nam quod aliquo modo illā etiā mutari existimat aliqui: nos aliā, cur ita appareat

1 Stellarū fixarū sphaera imobilis
2 Saturnus XXX anno reuoluitur
3 Jouis XII anorū reuolutio
4 Martis bima reuolutio
5 Telluris cū Luna an. re.
6 Veneris nonimestris
7 Merc. LXXX dierū
Sol

in deductione motus terrestris assignabimus causam. Sequitur errantium primus Saturnus: qui XXX anno suū complet circuitū. post hunc Jupiter duodecennali reuolutione mobilis. Deinde Mars qui biennio circuit. Quartū in ordine ānua reuolutio locum optinet: in quo terra cum orbe Lunari tanq epicyclio contineri diximus. Quinto loco Venus nono mense reducitur

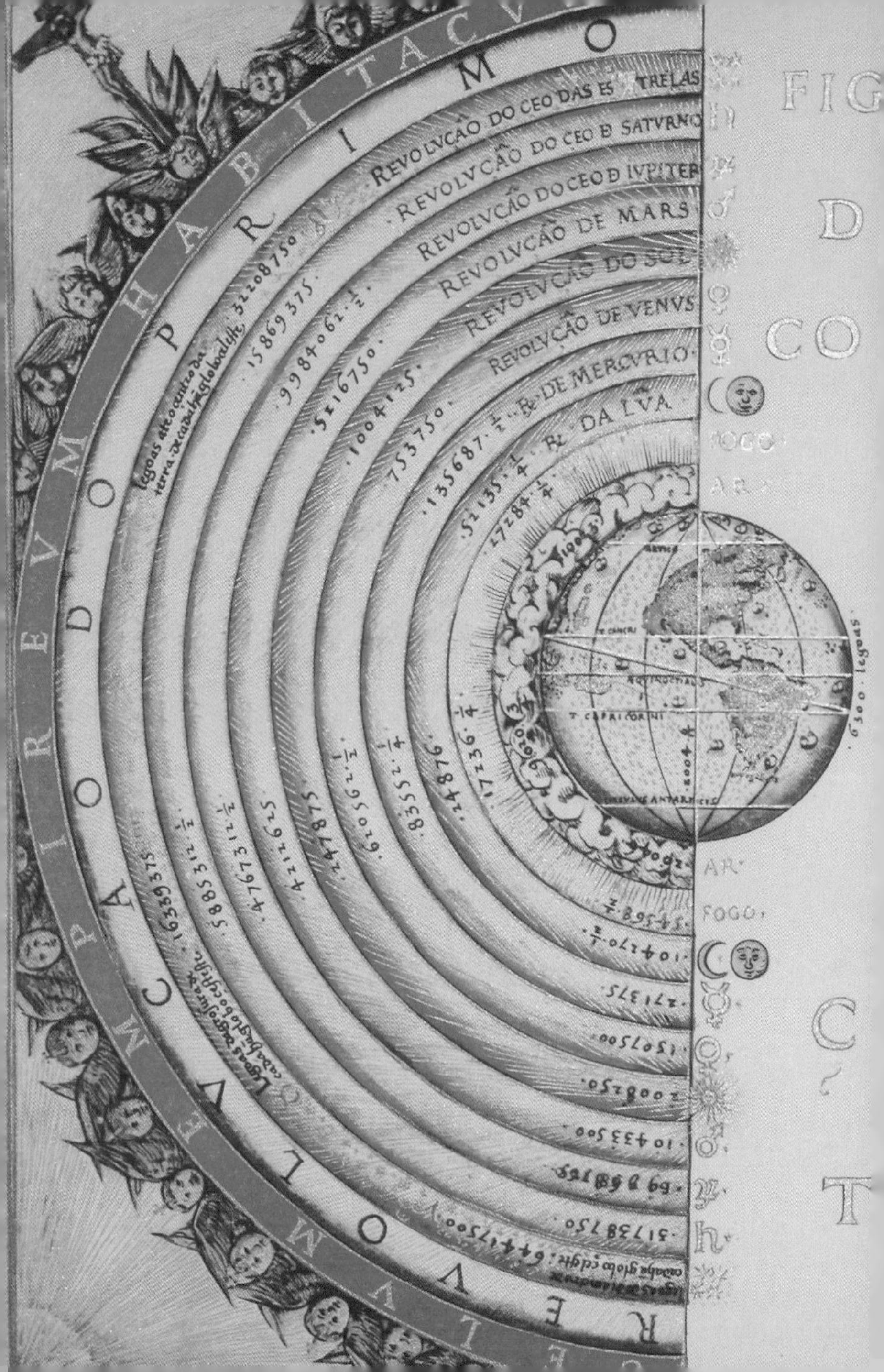

FIG
D
CO
C
T
REVOLVÇÃO DO CEO DAS ESTRELAS
REVOLVÇÃO DO CEO D SATVRNO
REVOLVÇÃO DO CEO D IVPITER
REVOLVÇÃO DE MARS
REVOLVÇÃO DO SOL
REVOLVÇÃO DE VENVS
REVOLVÇÃO DE MERCVRIO
R. DE MERCVRIO
R. DA LVA
32208750
15869375
9984062 1/2
5216750
1004125
753750
135687 1/2
52135 1/4
27284 1/4
1638375
5885312 1/2
4767312 1/2
4212625
247875
620562 1/2
83552 1/4
24876
17236 1/4
6300 legoas
FOGO
AR

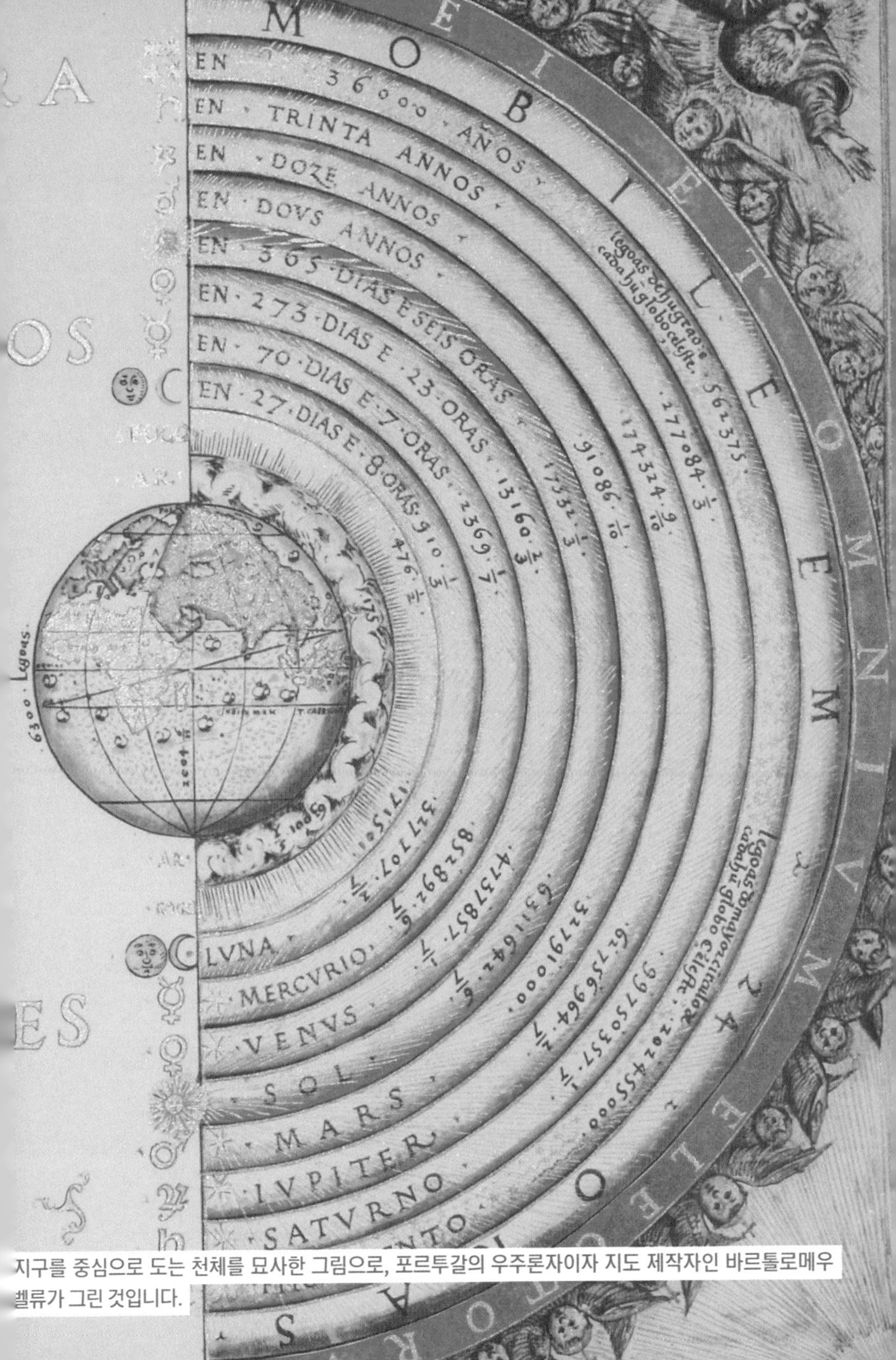

지구를 중심으로 도는 천체를 묘사한 그림으로, 포르투갈의 우주론자이자 지도 제작자인 바르톨로메우 벨류가 그린 것입니다.

2장

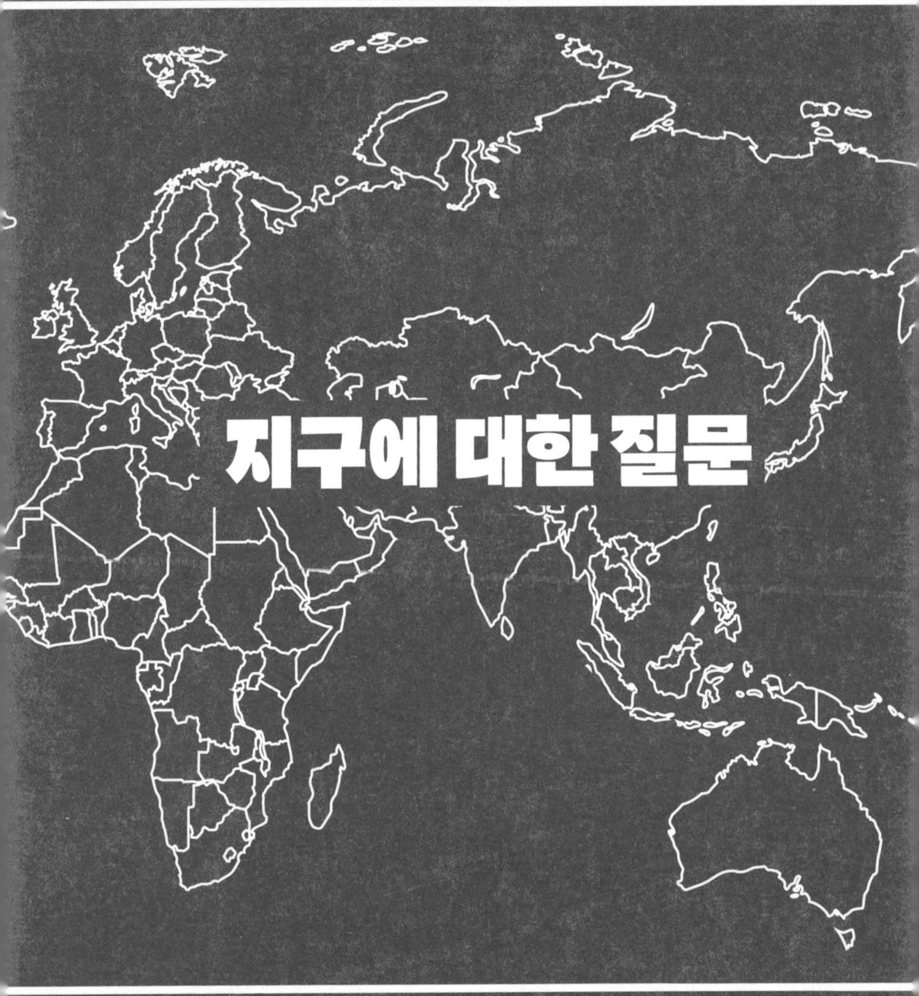

지구에 대한 질문

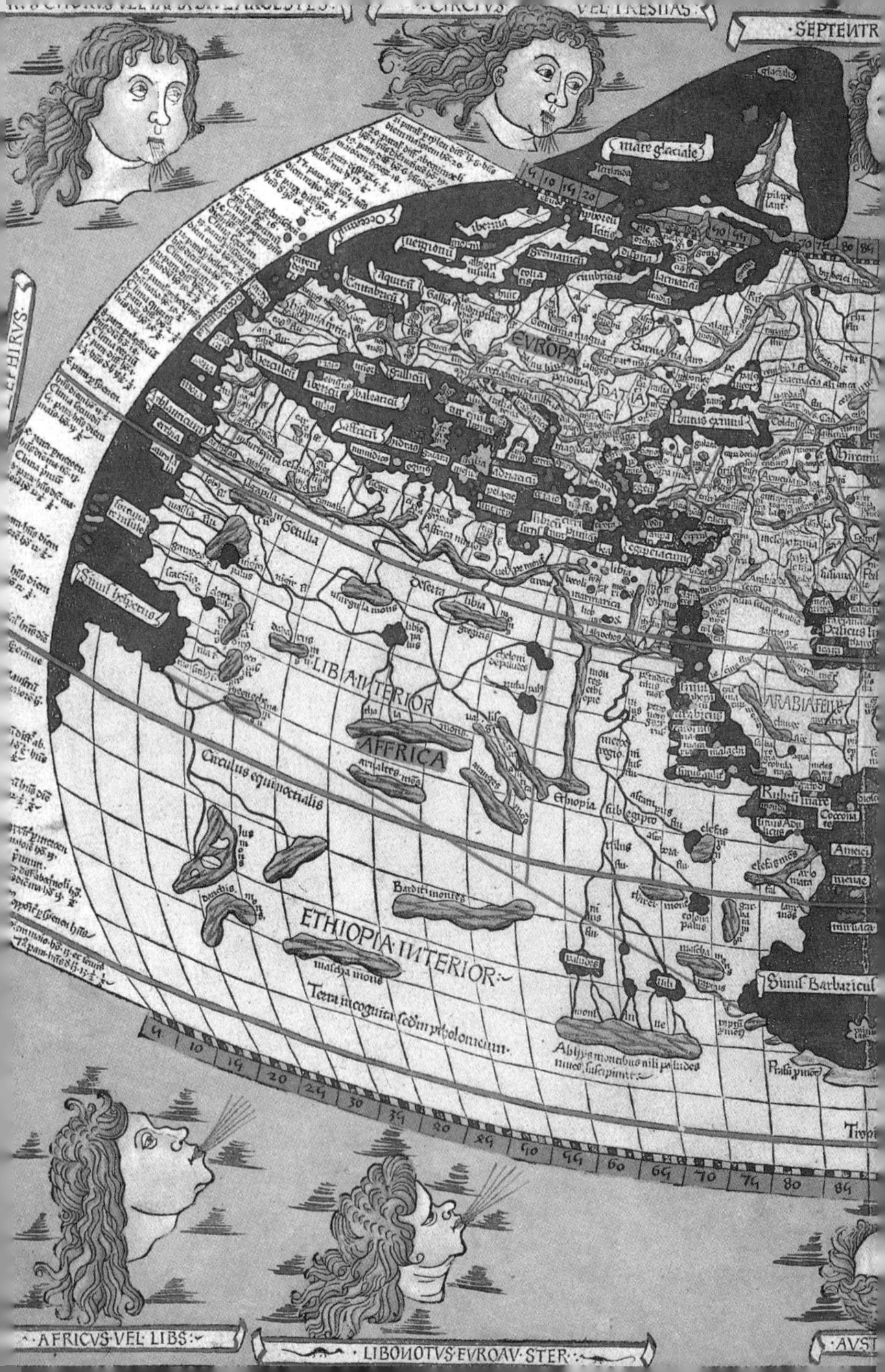

VEL TRESHAS
SEPTENTR
mare glaciale
Occeanus
EVROPA
Germania magna
Sarmatia
DATIA
Pontus euxinus
Getulia
Sinus hesperius
Deserta
libia
LIBIA·INTERIOR
AFFRICA
Circulus equinoctialis
Ethiopia sub egipto
ARABIA FELI
Barditi montes
ETHIOPIA·INTERIOR·
Terra incognita secundum ptholomeum
Sinus Barbaricus
Abijs montibus nili paludes nives suscipiunt
Tropi
10
20
30
60
70
80
·AFRICVS·VEL·LIBS·
·LIBONOTVS·EVROAVSTER·
AVST

거북과 코끼리 위의 세상

먼 옛날 사람들은 지구가 어떤 모습이라고 생각했을까요? 인도 신화에서는 엄청난 크기의 코끼리 네 마리가 반구 형태의 지구를 사방에서 받치고 있다고 이야기합니다. 이 코끼리들은 다시 더 거대한 거북의 등 위에 서 있고, 이 거북은 다시 또아리를 튼 뱀 위에 앉아 있어요. 이 뱀은 또아리를 틀어 거북을 받친 한편, 머리는 지구 위의 하늘에서 제 꼬리를 물고 있고요. 아프리카의 폰 족 역시 '아이도호웨도'라는 거대한 뱀이 지구를 이고 있다고 상상했습니다. 재밌는 상상이죠? 다른 신화에서도 비슷한 상상들을 찾아볼 수 있습니다.

옛사람들은 지진이 일어나거나 화산이 폭발하는 건 지구

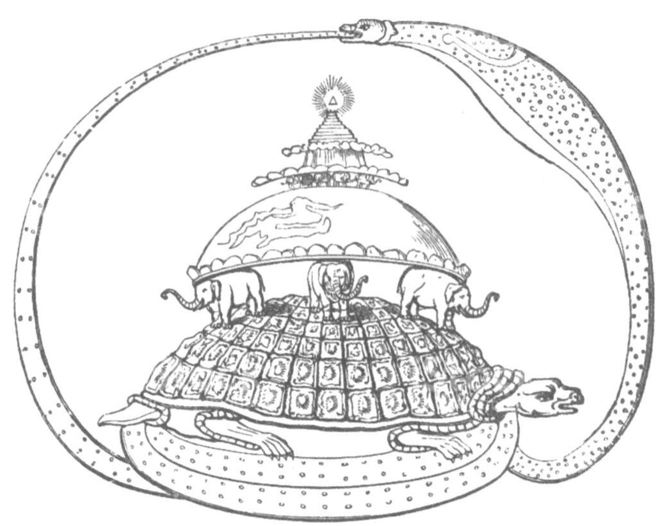

인도 신화에서 묘사하는 지구입니다.

를 이고 있는 동물들이 움직이기 때문이라고 생각했습니다. 그래서 지진이 일어나거나 화산이 폭발하면 지구를 이고 있는 뱀, 코끼리, 거북 등의 화를 풀기 위해 제사를 지내고 맛있는 음식을 바쳤죠. 이들이 그린 지구의 형태도 반구에서부터 십자가, 직사각형 등 다양했습니다. 하지만 옛사람들이 생각한 우주가 지구를 중심으로 도는 달과 태양, 행성, 그리고 그 뒤의 커다란 천구에 박힌 별이었듯이, 지구란 그저 자기가 사는 지역과 그 주변으로 이루어진 세상에 지나지 않았습니다.

사람들이 문명을 일구기 시작했을 때, 그들이 볼 수 있는 세상은 굉장히 좁았습니다. 물론 이웃 부족과 교류도 하고 싸움도 하면서 주변에 대한 이해가 넓어지긴 했습니다. 하지만 두 다리로 걷는 것이 전부였던 시절, 기껏해야 수십 킬로미터 정도에서 아주 멀리 가도 100~200킬로미터를 벗어나기 어려웠죠. 숲에 살던 부족에게는 숲이 세상의 전부였고, 초원에 살던 부족에게는 초원이 세상의 전부였습니다. 하지만 문명이 발전하면서 조금 더 먼 지역과의 교류가 일상적으로 이루어지자 사정이 달라집니다. 그곳의 풍물이며 지형이 자연스럽게 알려지지요. 시간이 흘러 아주 먼 곳과의 상업을 전문으로 하는 상단이 생겨나고, 대규모 원정 전쟁이 이루어지면서 지구에 대한 이해는 더 넓어집니다.

이는 당시 문명의 변두리였던 고대 그리스에서도 마찬가지였습니다. 발칸반도, 에게해 건너편의 소아시아, 지중해 건너 아프리카와 교류가 잦아지면서 그리스인들은 지중해를 중심으로 지구 전체를 바라보게 됩니다. 그러면서 자연스레 이렇게 넓어진 세상을 한눈에 볼 수 있는 그림, 지도가 만들어집니다. 물론 이전에도 지도는 있었지만 일부 지역만, 즉 지도 제작자 본인이 사는 곳과 주변 부족이 있는 곳을 그린 간단한 지도였을 뿐입니다. 그러나 이제 세계 전체를 그린 지도가 필요했지요. 유럽에서 세계 지도를 최초로 그린 이는 그리스 자연철학자인 아낙시만드로스로 알려져 있습니다.

오른쪽 지도를 보면 몇 가지가 눈에 띕니다. 첫 번째는 아낙시만드로스가 지구가 둥글다는 사실을 알고 있었다는 것입니다. (공 모양은 아니고 둥근 원통 모양이라고 생각했습니다.) 지도 자체가 둥글죠. 두 번째는 바다가 육지를 둘러싼 모양입니다. 아낙시만드로스는 탈레스의 제자입니다. 탈레스는 지구가 바다 위에 육지가 떠 있는 모습이라고 생각했습니다. 아낙시만드로스도 이에 영향을 받은 거죠. 세 번째로, 그는 육지를 유럽과 아시아 그리고 지금의 아프리카에 해당하는 리비아 세 영역으로 나눕니다. 이들의 경계 또한 강과 바다죠.

가장 중요한 점은 자신이 살고 있는 밀레투스를 중심에 그렸다는 것입니다. 흑해 아래에 아시아에서 유럽 쪽으로 툭 튀어나온 곳 보이시죠? 지금의 튀르키예에 해당하는 곳으로, 당시에는 소아시아라고 불렀습니다. 그곳의 지중해에 면한

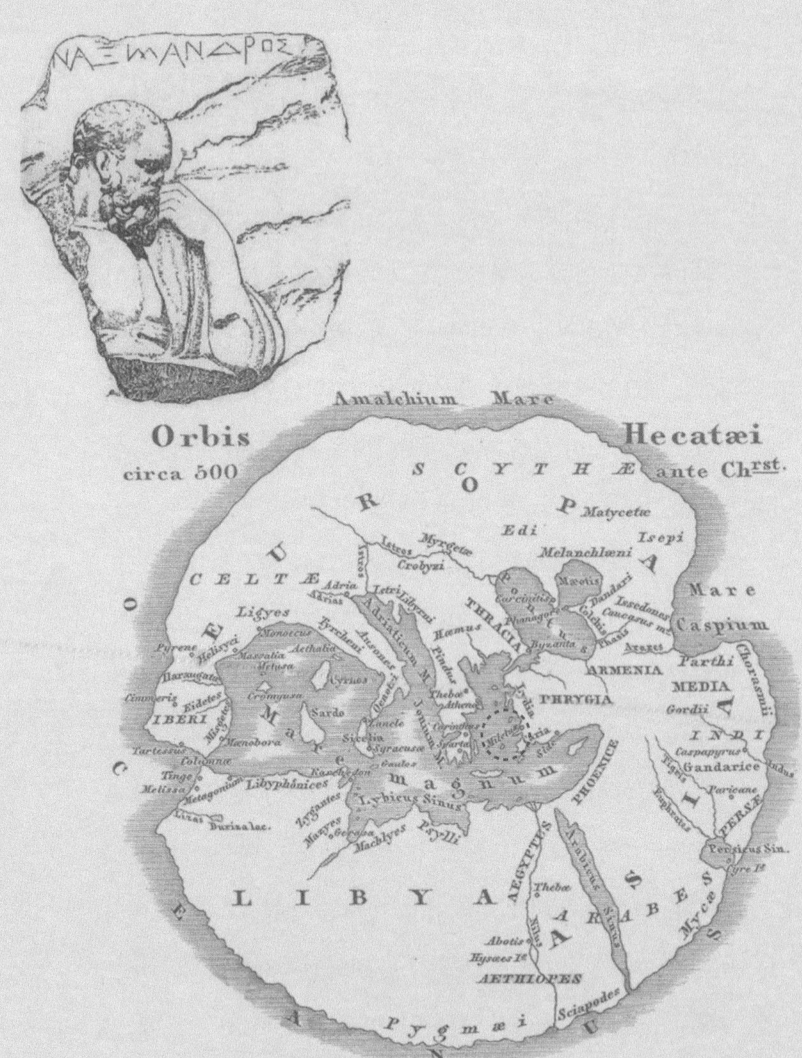

아낙시만드로스(위).

헤카테우스가 아낙시만드로스의 지도를 토대로 그린 세계 지도.

가운데 동그라미 친 곳이 밀레투스입니다.

곳에 밀레투스가 있었습니다. 그땐 그리스 식민지였죠. 자신이 사는 곳을 지도 가운데에 놓는 건 예나 지금이나 마찬가지입니다.

이후로도 이런 형태의 지도가 자주 등장합니다. 물론 조금씩 더 세밀해지죠. 리비아에는 이집트, 에티오피아, 누비아 등이 그 크기와 형태를 바꾸며 등장합니다. 유럽에는 로마, 마케도니아 등이 등장하고, 아시아에는 페르시아, 인도 등이 나타납니다. 지형도 좀 더 구체화됩니다. 아라비아반도와 홍해, 카스피해가 등장합니다. 지중해와 흑해 등으로 흘러드는 여러 강도 나타나지요. 이전까지 몰랐던 것들이 지도 위로 드러나기는 합니다만, 크게 보면 달라진 건 없습니다. 지구 표면은 늘 같습니다. 계절마다 다른 바람이 불어도, 태풍과 눈보라가 몰아쳐도, 전쟁이 일어나도, 한 나라가 멸망하고 새로운 나라가 생겨나도 사실 지구 전체로 보면 사소한 일이죠. 산맥은 시간이 흘러도 산맥이고, 바다는 세월이 지나도 바다입니다. 그러니 이런 자연을 보는 자연철학자들에게 지구는 변함없는 곳이었습니다. 자신의 선조에서부터 먼 후손에 이르기까지 모두 변함없는 지구에서 살 거라고 생각했지요.

이는 비단 지구에 한정된 생각이 아니었습니다. 우주 전체도 마찬가지였습니다. 해, 달, 별, 지구 모두 처음부터 자연철학자들 자신이 살고 있는 시절까지, 또 앞으로도 영원히 지금 보는 모습 그대로 유지될 거라고 생각했죠. '처음부터'라는 말에도 어폐가 있습니다. 그들은 처음조차도 없다고 생각했으니까요. 처음보다 먼저, 끝보다 나중까지 항상 같은 모습인 것이 세상이라고 여겼으니까요.

이는 기독교적 사고와는 완전히 다릅니다. 기독교에서는 신이 세상을 창조했고, 인간을 만들었으며, 언젠가 불의 심판이 내릴 거라고 이야기하지요. 대부분의 종교가 그래요. 신이 인간을 창조했고, 신이 세상을 끝낼 거라고 여기지요. 하지만 고대 그리스의 자연철학은 신을 배제하고, 신에 의한 창조와 멸망을 배제합니다. 이런 면에서 본다면 고대 그리스 자연철학은 신화에서 벗어나 합리적인 세계관을 갖추는 일종의 발전을 이루었습니다. 하지만 변함없는 세상이라는 또 다른 고정관념을 가지고 있었습니다.

 지구가 둥근데 왜 떨어지지 않을까

옛사람들이 지구를 평평한 판이나 정사각형으로 생각했다고 아는 이들이 많습니다. 하지만 그리스 자연철학자들은 예외입니다. 과학 시간에 지구가 둥근 증거로 우리가 배운 것들 대부분은 자연철학자들 역시 알고 있던 사실입니다. 먼바다에서 돛단배가 다가올 때 처음에는 돛대 윗부분만 보이다가 차츰 배 아래쪽까지 보이는 것, 높은 곳에서 지평선이나 수평선을 바라보면 낮은 곳에서 볼 때보다 더 멀리까지 볼 수 있는 것, 월식 때 달에 지는 지구의 그림자가 원형인 것 등은 이미 고대 그리스 사람들에게도 알려져 있던 것이지요.

그렇다면 옛사람들은 지구 반대편에 있는 사람이 왜 떨어지지 않고 지구에 붙어 있는지 궁금하지 않았을까요? 지금이야 중력이라는 힘이 존재한다는 것, 그 힘이 우리가 지구에서 떨어지지 않게 붙들고 있다는 것을 알지만 옛사람들은 중력에 대해 전혀 알지 못했으니까요. 중력을 알지 못하니 사람이 떨어지지 않는 것을 지구가 둥글지 않다는 증거로 받아들이곤 했죠. 하지만 그리스 사람들에게는 이런 궁금증이 없었습니다. 4원소의 속성 때문이라고 생각했거든요. 흙과 물의 속

중세 사람들이 상상했던 세계의 가장자리입니다.

성을 가진 물체들은 지구 중심을 향하려는 성질이 있으니, 지구 이쪽 편에 있든 반대편에 있든 떨어지지 않는다고 생각했던 거죠. 이렇게 보면 흙과 물의 속성이라는 것이 아주 원시적인 중력 개념처럼 보이기도 합니다. 지구의 중심을 향한다는 면에서는 중력과 마찬가지니까요. 사실 그리스 사람들이 흙과

물이 지구 중심을 향하려는 속성을 가졌다고 생각한 것은 자연 현상을 관찰하면서 자연스럽게 얻은 통찰이기도 합니다.

우리가 살아가면서 보는 물질 대부분은 외부의 힘이 작용하지 않으면 아래로 움직이지 위로는 향하지 않습니다. 이런 현상과 지구가 둥글다는 사실이 합해지면, 지구 위의 모든 물질은 아래를 향하는데 그게 둥근 지구의 중심이라는 생각으로 이어지는 겁니다. 하지만 드물게 위로 움직이는 물체가 있는데, 바로 수증기와 불이었지요.

그리스 사람들도 처음부터 지구가 둥글다고 생각했던 것은 아닙니다. 서양에서 처음 세계 지도를 그린 아낙시만드로스는 지구가 원통 모양이라고 생각했습니다. 그의 스승 탈레스는 원판 모양의 육지가 원판 모양의 바다 위에 떠 있다고 여겼죠. 즉 탈레스나 아낙시만드로스 같은 초기 자연철학자들은 지구가 둥글다고는 생각하지 못했습니다. 하지만 그로부터 몇백 년이 지나 아리스토텔레스가 활동한 시기에 이르면 지구가 둥글다는 사실이 알려지지요.

그런데 지구가 구형이라는 것은 아리스토텔레스가 그린 완전한 세계, 즉 지상계와 천상계로 나뉜 세계의 전제이기도 합니다. 아리스토텔레스뿐만 아니라 그의 스승이었던 플라톤도 세계를 지상계와 천상계로 나누었습니다. 이들이 생각한 완전한 세계는 구형 지구가 우주 한가운데에 있는 모습이었죠. 앞서 말했듯이 원과 구는 완전함을 상징합니다. 결국 이 세계가 완전함을 둥근 모양의 지구와 우주가 보여 주는 것이죠.

그리스 자연철학자들은 지구가 둥글다는 사실을 전제로 지구 둘레를 측정하기도 합니다. 물론 자를 들고 지구를 한 바퀴 돈 건 아니고, 비례를 이용해서 구합니다. 정확히 말하자면 그리스가 아니라 이집트 알렉산드리아에서 일어난 일이지만, 당시 이집트의 프톨레마이오스 왕조는 문화적·과학적 기반을 그리스에 두고 있었으니 그리스의 성과라 해도 크게 틀린 말은 아닙니다. 어쨌든 지구 둘레를 측정한 것은 알렉산드리아 도서관장이었던 에라토스테네스입니다. 에라토스테네스는 자신이 사는 알렉산드리아와 시에네(각각 이집트 북부, 남부에 있는 도시입니다.)의 위도 차에 의한 그림자 각도 차이를 이용해서 지구 둘레를 재죠. 물론 측정 장비가 지

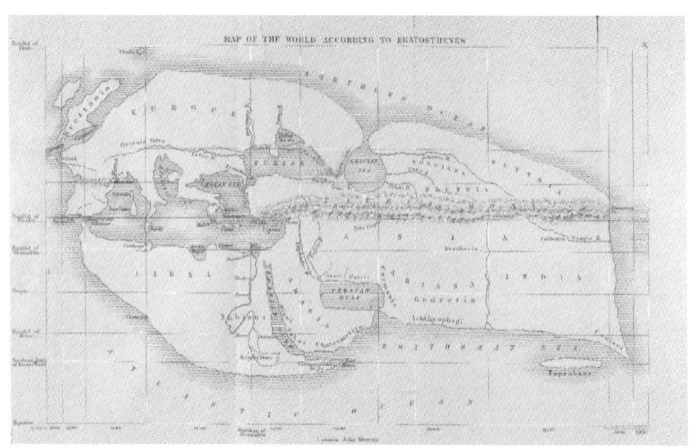

에라토스테네스가 그린 세계 지도를 19세기에 재구성한 것입니다.

금보다 불완전했고, 알렉산드리아와 시에나가 동일한 경도에 있지 않았고, 지구가 완전한 구가 아니라 적도가 약간 부푼 모양이었던 탓에 정확하게 측정하진 못했습니다. 그럼에도 2000년도 더 전에 지구가 둥글다는 걸 알고, 수학적 지식과 천문학적 지식을 이용해 지구 둘레와 반지름을 구했다는 건 대단한 일입니다. 그런데 그렇게 구한 지구의 크기가 원래 생각했던 것보다 훨씬 커서 당시 사람들은 꽤 놀랐습니다. 자기들이 아는 세계가 지구의 대부분일 거라 여겼는데, 사실은 아주 작은 부분이었기 때문이죠. 이때 나머지 세계에 무엇이 있을지에 대한 궁금증이 싹텄을지 모릅니다.

당시 사람들이 아는 세계는 중남부 유럽과 소아시아 그리고 아프리카 북부 정도에 지나지 않았습니다. 이후 로마 제국이 들어서면서 아는 세계의 범위에 유럽 북부와 인도 등도 들어오죠. 하지만 그로부터 1000여 년이 지나는 동안 유럽이 실제로 아는 세계는 더 이상 넓어지지 않았습니다. 무역상을 통해 중국이나 동남아시아의 순다 제도에 대한 이야기를 듣고 또 그쪽의 특산품을 구입하기도 하지만, 직접 목격한 사람은 드물었지요. 아프리카와 유럽이 고개를 맞대고 있는 지브롤터 해협이 그들 세계의 끝이었습니다.

그리디 르네상스 시대가 열리면서 새로운 세계가 등장합니다. 아프리카라고는 사하라 사막과 이집트, 에티오피아 정도만 알았던 유럽인들은 아프리카 서해안을 따라 내려가면서 열대우림과 초원 지대로 이어지는 사하라 이남의 아프리카를 발견합니다. 거기서 다시 최남단의 희망봉을 돌아 아프리카 동해안과 인도, 동남아시아 그리고 일본으로 이어지는 새로운 항로와 새로운 지역을 만나게 되지요. 한편 대서양을 건너서는 아메리카 대륙을 발견합니다. 물론 그 모든 곳에는 이미 터전을 잡고 살아가는 사람들이 있었지만요. 지구에서 가장 큰 바다 태평양을 건너고, 오스트레일리아와 남극 대륙까지 발견하면서 마침내 지구 전체의 대략적인 면모를 확인합니다.

이런 발견은 커다란 충격으로 다가옵니다. 수천 년 동안 익숙하게 보아 왔던 생물과는 전혀 다른 생물들이 세계 각지에 살고 있었죠. 천산갑, 오랑우탄, 투구게, 북극곰, 펭귄 등 낯선 동물들에서부터 히말라야, 로키, 안데스 등 거대한 산맥들, 끝이 보이지 않는 열대우림, 언어도 풍습도 전혀 다른 선주민 부족들을 보면서 사람들은 지구가 자신들의 생각보다 훨씬 광활하고 다양하다는 사실을 알게 됩니다. 그러면서 지구를 더 잘 알기 위한 서양 과학자들의 노력이 본격적으로 시작되는데, 이들을 박물학자라고 부릅니다.

요즘은 박물학이라는 말이 잘 쓰이지 않습니다만, 19세기 말까지 서양에서는 물리학, 화학, 천문학 등을 제외한 분야의 과학자를 박물학자라고 불렀습니다. 당시에는 고생물학, 고고학, 생물학, 지질학, 해양학, 기후학 등이 제대로 세분되지 않은 채 섞여 있었거든요. 한 사람이 이런 다양한 분야에 모두 발을 걸치고 있기도 했고요. 이 분야들은 자연을 대상으로 한다는 공통점이 있었죠. 그래서 박물학Natural history이라는 명칭이 붙었습니다. 이 무렵부터 전 세계에 박물학 관련 자료를 보관하고 전시하는 자연사박물관Natural History Museum이 세워지기 시작했죠.

박물학자 중 대표적인 사람으로는 19세기 독일 출신의 알렉산더 훔볼트가 있습니다. 훔볼트는 남아메리카 대륙과 중앙아시아를 탐사했고 지질학, 기후학, 해양학 등 여러 분야에 대한 글을 썼습니다. 세계 각지의 동식물을 조사하고(생물학), 페루 연안에 흐르는 해류를 발견하고(해양학), 동식물 분포와 지리적 요인의 관계를 설명하고(지리학), 화산을 조사했습니다(화산학). 또한 고도가 높아짐에 따라 기온이 어떻게 낮아지는지를 밝히고, 열대성 폭풍의 원인을 찾고(기상학), 지구 자기력의 힘이 위도에 따라 변하는 정도를 연구했습니다(지구물리

알렉산더 훔볼트.

훔볼트가 그린 침보라소산과 코토팍시산의 단면도.

학). 정말이지 다양한 분야에서 활약했지요.

훔볼트 말고도 유럽의 여러 박물학자가 아프리카, 남북아메리카, 아시아, 오세아니아의 다양한 지역에서 동식물 분포를 연구하고, 지리와 지질에 대해 연구합니다. 또한 전 세계 해양의 특징과 해류의 흐름을 살피고, 기후의 변화도 관찰하지요. 수백 년에 걸친 이러한 활동 끝에 박물학 단일 분야였던 것이 지질학, 지리학, 기후학, 해양학, 화산학 등 각각의 학문 분과로 자리 잡고, 지구 전체에 대한 이해가 더욱 깊어집니다.

그런데 이런 박물학자들의 성과 뒷면에는 제국주의의 어두운 면이 숨어 있습니다. 아프리카와 남북아메리카, 아시아, 오세아니아를 발견한 유럽인들은 그곳에 살고 있던 선주민의 의사와는 무관하게 혹은 의사에 반해 자기들 식민지로 삼죠. 이 과정에서 박물학자들의 역할이 요구됩니다. 식민지를 효율적으로 지배하기 위해서는 그곳에 대한 지리적 이해가 필수적이기 때문이죠. 자연환경을 잘 알아야 어떤 작물을 재배하는 것이 좋은지 알 수 있고, 식민지에서 재배한 것들을 본국으로 실어 오려면 해류 흐름을 면밀하게 파악해야 합니다. 계절풍과 계절별 기후를 아는 것도 중요하지요.

제국주의 본국은 식민지에서 연구하는 박물학자들에게 자금을 대고, 각종 편의를 봐 줍니다. 군인들이 호위를 해 주기도 하고요. 대신 박물학자들은 자신들의 연구 결과를 제국에 제공합니다. 그 영향은 지금까지도 유효합니다. 가령 열대 지방의 각종 풍토병에 대해 가장 권위 있는 연구기관은 열대

지방에 있지 않습니다. 영국 런던의 열대병 연구소가 가장 유명하지요. 영국이 아프리카와 동남아시아 등을 지배하던 시기에 지역 풍토병을 연구하기 위해 세웠던 기관입니다. 가장 넓은 면적의 식민지를 자랑하던 영국답지요. 열대 지방의 생물 표본이 가장 풍부한 곳도 영국, 프랑스, 미국 등의 자연사 박물관입니다.

세상은 원래 하나의 대륙이었다

원래는 모든 대륙이 붙어 있었는데 쪼개지고 흩어져 현재와 같은 모습이 되었다는 학설을 '대륙이동설'이라고 합니다. 20세기 초에 독일 기상학자 알프레드 베게너가 처음 주장했습니다.

베게너가 대륙이동설의 증거로 내세운 건 네 가지였습니다. 첫째는 글로소프테리스라는 양치식물의 화석이 남극 대륙, 오스트레일리아, 남아메리카, 인도 남부, 남아프리카에서 발견되는데, 이는 대륙이 하나였을 때 서로 붙어 있던 지역이라는 거죠. 두 번째 증거는 북아메리카의 애팔래치아산맥, 영국 스코틀랜드의 칼레도니아산맥, 스칸디나비아반도의 지질 구조가 연속적이라는 겁니다. 세 번째는 남아메리카, 호주, 남극 등의 고생대 지층입니다. 지금은 열대와 한대로 완전히 다른 기후이지만 고생대 지층을 보면 세 곳 모두 같은 기후 조건이었음을 알 수 있습니다. 이는 세 대륙

알프레드 베게너.

Abb. 4.

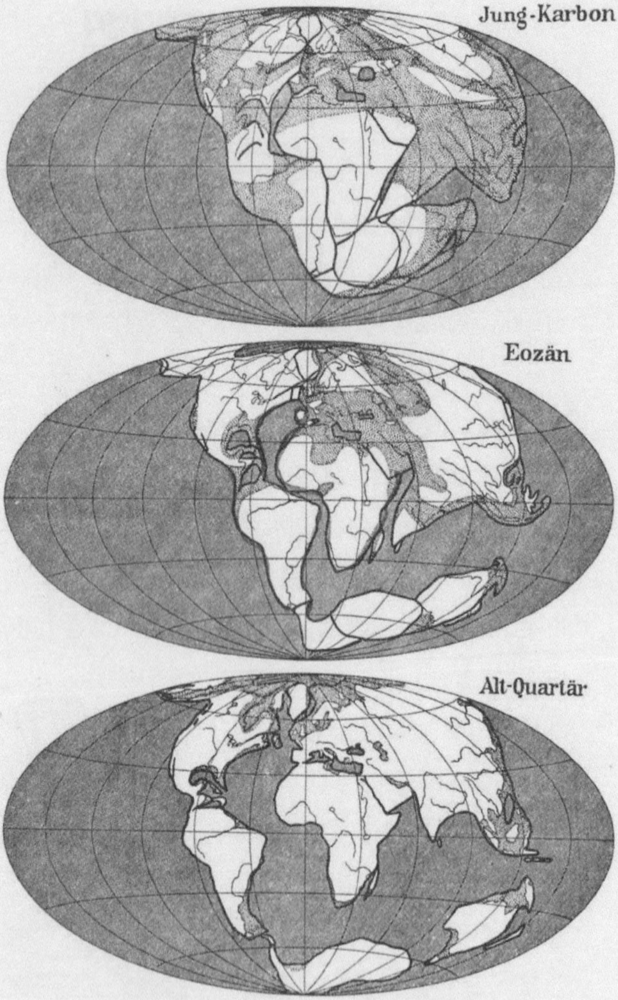

Jung-Karbon

Eozän

Alt-Quartär

Rekonstruktionen der Erdkarte nach der Verschiebungstheorie für drei Zeiten.

Schraffiert: Tiefsee; punktiert: Flachsee; heutige Konturen und Flüsse nur zum Erkennen. Gradnetz willkürlich (das heutige von Afrika).

베게너가 만든 지도.

판게아와 대륙이 떨어져 나가는 모습을 볼 수 있습니다.

이 과거에 하나의 커다란 대륙을 이루고 있었기 때문이라고 베게너는 주장하지요.

하지만 사람들에게 가장 깊은 인상을 남긴 것은 바로 해안선이었습니다. 남아메리카 동해안과 아프리카 서해안의 경계선이 유사하고, 아프리카 동해안과 남극 대륙, 오스트레일리아의 해안선도 맞춰 보면 딱 들어맞는다는 거죠. 관찰하기 힘든 다른 증거에 비해 해안선은 지구본을 보기만 하면 되니 직관적이고 쉽게 이해할 수 있었죠. 대부분의 사람들이 대륙이동설 하면 해안선의 일치를 떠올리는 건 이 때문입니다.

그런데 말이죠. 세계 지도를 가위로 잘라 해안선을 맞춰 보면 전혀 들어맞지 않습니다. 눈으로 보기에는 비슷해 보이지만요. 베게너나 대륙이동설을 주장한 사람들 모두 거짓말쟁이였던 걸까요? 이유는 다른 데 있습니다.

먼저 우리가 보는 세계 지도는 지구를 그대로 보여 주지 않습니다. 지구는 구형인데, 이를 평면에 옮기면서 왜곡이 생긴 것이죠. 이 때문에 적도 지역은 더 좁게, 극지방은 더 넓게 그려져 있습니다. 이런 왜곡이 있으니 당연히 해안선이 맞을 리가 없지요. 해안선을 맞춰 보려면 이런 평면 지도가 아니라 지구본을 봐야 합니다. 하지만 지구본도 딱 들어맞지는 않습니다. 해수면 아래 잠긴 부분 때문입니다. 예전에 해수면이 지금보다 낮을 때 육지였던 땅의 일부가 해수면이 높아지면서 바다 밑으로 잠겼는데, 이를 대륙붕이라고 합니다. 육지의 연장인 셈이지요. 대륙이 서로 떨어져 나갈 때 기준점은 이 대륙붕의 끝부분입니다. 해저 지형까지 나온 지도로 다시 맞춰 보면 이제야 딱 들어맞는 걸 볼 수 있습니다.

지구는 몇 살일까

기독교에서는 하느님이 세상을 창조했다고 말하죠. 그럼 하느님이 언제 세상을 창조했는지 궁금해지는 건 당연한 일입니다. 이는 특히 종교학자와 성직자들에게 아주 중요한 문제 중 하나였습니다.

중세 사람들은 지구의 역사가 어느 정도나 되었다고 생각했을까요? 설왕설래가 있었지만, 대부분은 1만 년이 채 되지 않았다고 생각했습니다. 옛사람들이 생각한 자기 조상들은 기껏해야 몇백 년을 거슬러 올라갈 뿐이었습니다. 상상력을 보태도 몇천 년을 넘어서기 힘들었죠. 즉 옛사람들에게 인간의 역사는 길어야 몇천 년이었습니다. 그런데 하느님은 세상을 창조할 때 7일째 되는 날에 인간을 만드셨으니, 지구와 우주의 역사 또한 몇천 년이 고작인 거죠. 17세기에 아일랜드 주교 제임스 어셔는 성서 속 인물들의 나이를 계산해서 지구가 태어난 건 기원전 4004년 10월 23일 오전 9시라고 주장하기도 합니다. 지금으로부터 6000년 조금 더 된 거지요.

사실 성서가 아니라도 그렇습니다. 인간의 역사 앞에 아주 긴 지구의 역사나 우주의 역사가 있다는 건 인간을 중심으로 한 사고에서는 상상하기 힘든 부분입니다. 인간이 5000년 전에 나타났는데 지구는 한 10만 년 전에 만들어졌다고 생각해 보죠. 인간을 중심으로 생각할 때 인간이 나타나기 전까지의 9만 5000년은 아무 의미가 없습니다. 옛사람들 생각에 지구의 주인공은 인간인데, 인간이 존재하지 않은 기간이 인간이 존재한 기간에 비해 20배 가까이 길다면 말이 되질 않습니다. 신이 그런 공백을 만들 이유가 없다고 생각한 겁니다. 이런 생각은 앞서 이야기한 우주의 크기 문제에서도 마찬가지입니다. 인간을 중심으로 생각할 때 인간이 사는 지구에 비해 인간이 살지 않는 우주가 압도적으로 크다는 것은 용납하기 힘든 일이지요.

처음 아리스타르코스가 우주의 중심이 태양이라고 주장했을 때, 사람들이 이를 거부했던 이유 중 하나가 연주 시차입니다. 지구가 태양을 중심으로 1년에 한 바퀴씩 공전을 한다면 지구에서 볼 때 별들 역시 공전하듯이 보여야 하는데 그런 움직임을 전혀 관찰할 수 없었던 거죠. 떠올릴 수 있는 이유는 두 가지입니다. 별이 너무 멀어서 그 움직임을 알아볼 수 없거나, 아니면 태양이 아닌 지구가 우주의 중심이기 때문이거나. 하지만 당시 사람들은 별이 연주 시차도 관찰할 수 없을 만큼 멀리 있다고는 도저히 생각할 수가 없었습니다.

그런데 중세가 끝나고 르네상스가, 뒤이어 근대가 시작되면서 상황이 달라집니다. 유럽의 근대는 석탄과 철광석의 재발견이기도 합니다. 증기기관을 돌리는 에너지원인 석탄과 기계를 만드는 원료인 철광석이 아주 많이 필요해지기 때문이죠. 자연스럽게 새로운 탄광과 철광을 개발하는 일이 활기를 띱니다. 그러면서 지질학이 발전하죠. 처음에는 탄광이나 철광이 있는 지층을 찾기 위해 시작된 지질학이 학문으로 자리 잡으면서 화성암층(마그마가 굳어서 만들어집니다.)과 퇴적암층(흙, 모래, 자갈 등이 퇴적되어 만들어집니다.) 등을 구분하고,

그 생성 원인에 대한 연구가 이루어집니다. 그리고 이 과정에서 지구의 역사가 얼마나 오래되었는지가 새로이 논쟁거리가 됩니다.

이전에는 산이든 고원이든 구릉이든 모든 지형은 처음 만들어졌을 때의 모습이라고 생각했지만, 지질학이 발달하면서 지형도 변화한다는 것을 알게 됩니다. 이런 지형의 변화를 잘 보여 주는 것이 이탈리아의 세라피스 사원입니다. 1750년 이탈리아 나폴리 포추올리 마을 해변에서 서기 1세기경에 만들어진 세라피스 사원이 발견됩니다. 그런데 사원 돌기둥에 이상한 자국들이 있습니다. 자세히 살피니 조개들이 남긴 흔적이었죠. 즉 처음 세워질 때는 분명히 지상이었는데 어떤 이유에서인지 사원 주변의 땅이 침강해서 바다 밑으로 내려가 버렸다가, 다시 솟아올라 18세기에 사람들에게 발견된 겁니다. 이로써 땅이 침강할 수도, 융기할 수도 있다는 사실이 밝혀집니다. 더구나 기둥을 파먹은 건 얕은 바다에 사는 조개가 아니라 깊은 바다에 사는 조개였습니다. 세라피스 사원은 살짝 잠겼던 게 아니라 아주 깊이 잠겼다 올라온 거죠. (나중에 밝혀진 바에 따르면, 이 유적은 사원이 아니라 시장터였습니다.)

사실 아주 옛날부터 알프스산맥 등 고산 지대 지층에서 조개나 물고기, 지금은 존재하지 않는 생물의 화석이 발견되곤 했습니다. 하지만 우연히 그런 모양을 갖게 됐다고 여길 뿐, 화석이라고는 생각지 않았죠. 그러나 지질학이 발달하면서 이런 화석이 실제 생물이 땅에 묻혀서 만들어진다는 걸 알게 되죠. 사람들은 의문에 빠집니다. 깊은 바다 밑바닥에 묻혔던 생물이 이 높은 산에 화석으로 나타나기까지 어떤 변화가 있었을까? 그 변화는 얼마나 오래전에 일어난 걸까? 또 하나, 지금은 존재하지 않는 공룡이나 매머드 같은 생물의 화석은 어떻게 설명해야 하는 걸까요?

동일과정설과 격변설

이런 현상을 처음 접한 지질학자들은 난감했습니다. 사실 지질학자라는 명칭도 없을 때였죠. 앞서 말했듯 지질학, 지리학, 생물학 등 다양한 학문이 박물학이라는 이름 아래 모여 있었으니까요. 이런 분야를 연구하는 사람들은 스스로를 (고대 그리스에서 그랬듯) 자연철학자라 부르거나 박물학자라고 불렀습니다. 어찌 됐든 성경에서 말하는 대로 지구의 역사가 몇천 년이라면 이런 변화가 일어나기에는 너무 짧았습니다. 이 현상을 어떻게든 설명하려던 당시 학자들은 두 가지 대립되는 가설을 내놓습니다.

하나는 격변설입니다. 성경에 나오는 노아의 홍수와 비슷한 개념입니다. 격변설에 따르면 지구 역사에 몇 차례의 큰 홍수가 있었습니다. 그때마다 이전의 생물은 멸종하고 새로운 생물들이 나타났으며, 홍수로 불어난 물이 지구 내부로 빠지는 과정에서 침강이나 융기 같은 다양한 지질 현상이 일어났다는 거죠. 즉 짧은 시간에 대홍수가 일어나 커다란 변화가 이루어졌다는 주장입니다. 이런 격변설은 지금은 볼 수 없는 공룡이나 매머드, 삼엽충 같은 생물이 화석으로 존재하는 이유를 쉽게 설명해 줍니다. 예전에 살았던 생물들은 대홍수 때 모두 죽었고 그중 일부가 흙에 묻혀 화석으로 발견된다는 논리이니까요. 급격한 변화로 이런 현상이 일어난 것이니 지구의 역사가 길 이유가 없다는 것 또한 이 가설의 장점이었습니다. 당시 사람들이 생각한 짧은 지구의 역사에 잘 맞는 이론이었죠.

동일과정설은 이와는 정반대되는 주장을 펼칩니다. 현재

일어나고 있는 지질 현상이 과거에도 일어났다는 것이 핵심입니다. 그런데 지질 현상은 아주 조금씩, 천천히 이루어집니다. 바람에 바위가 깎이는 현상, 강물에 땅이 침식되는 현상, 바다 밑바닥에 육지에서 흘러든 흙이며 모래, 자갈 등이 쌓이는 퇴적 현상 등 어느 것 하나 빠르게 진행되는 일이 없습니다. 예를 들어 강물이 흘러드는 해안의 바닥을 조사했더니 한 해 약 1밀리미터의 흙이 쌓인다고 생각해 보죠. 그럼 10년 뒤면 1센티미터가, 100년 뒤면 10센티미터가 쌓이게 됩니다. 그런데 그 해안가 가까운 곳에 퇴적층으로 된 해안 절벽이 있는데 높이가 무려 100미터에 달합니다. 과거에도 지금처럼 1년에 1밀리미터씩 쌓인 흙이 굳어져서 이 해안 절벽이 만들어졌다는 것이 바로 동일과정설입니다. 그렇다면 100미터의 해안 절벽이 만들어지기까지 얼마나 오랜 시간이 걸린 걸까요? 간단히 계산해 봐도 퇴적층이 쌓이는 데만 10만 년이 필요합니다. 바다 밑바닥의 지층이 융기해 절벽이 되려면 더 많은 시간이 흘러야겠죠.

지질학이 발달하면서 석회암층, 응회암층 등 다양한 암석층이 만들어지려면 굉장히 오랜 시간이 걸린다는 사실이 밝혀집니다. 지질학자들 사이에서는 지구의 역사가 적어도 수십만 년은 된다는 생각이 자리 잡기 시작했지만, 성경의 영향으로 지구의 역사가 아무리 길어도 1만 년 이상은 아니라고 생각한 사람들도 많았습니다. 이런 사람들은 아무래도 격변설을 지지하게 되지요. 그러나 지질학자들의 연구가 이어지면서 결국 격변설은 퇴장하고 동일과정설이 대세가 됩니다.

그런데 동일과정설은 과학의 역사에서 또 다른 의미를 가집니다. 간단히 말하자면 '현재는 과거를 이해하는 열쇠'라는 것이죠. 흔히 사람들은 자신의 주장이 옳다는 근거로 옛사람을 인용하곤 합니다. 다윈의 『종의 기원』에 따르면 말이야, 공자의 『논어』에 의하면, 장자의 『도덕경』에는, 뭐 이런 식으로요. 신의 뜻을 빌리기도 하죠.

이런 말들이 꼭 틀린 건 아닙니다만 과학에서는 다릅니다. 과학이 다루는 건 우주의 시작에서부터 현재까지입니다. 인간이 문명을 건설한 지 1만 년 정도 됐는데 이는 우주의 역사나 지구의 역사에 비하면 아주 짧은 시간이지요. 문명 이전의 과거에 대해서 알려면 현명한 사람의 말에 따르는 것이 아닌 다른 방법이 필요합니다.

과학이 기대는 것은 과학적 원리가 예나 지금이나 항상 같다는 겁니다. 따라서 현재를 정확하게 알수록 과거에 어떤 일이 있었는지 잘 알 수 있죠. 이것이 현명한 사람의 말을 믿는 것보다 훨씬 객관적이기도 하고요. 이렇게 현재의 지구, 현재의 바다, 현재의 사물을 관찰하고 실험하면서 파악한 이론으로 과거를 살피는 것이 과학입니다. 그리고 동일과정설은 이런 과학적 원리를 정리한 거의 최초의 주장입니다. 종교가 옛사람의 말에 기대 오늘을 본다면, 과학은 오늘을 통해 과거를 보는 거죠.

켈빈 경의 착각

19세기 말 영국의 켈빈 경은 모든 과학자에게서 존경 받는 물리학자였습니다. 그는 열역학의 권위자로, 절대온도를 나타내는 단위 켈빈(K)이 바로 그의 이름에서 따온 것입니다. 독실한 기독교인이기도 했던 켈빈은 자신의 전공을 살려 지구의 나이를 계산하죠.

켈빈 경.

당시 사람들은 지구가 만들어질 때 운석과의 충돌 등으로 아주 뜨거웠다는 걸 알고 있었습니다. 얼마나 뜨거웠던지 지구 전체가 마그마로 녹아 버렸던 때죠. 이 시기를 '마그마 바다' 시기라고 합니다. 이후 운석과의 충돌이 잦아들고 지구가 천천히 식기 시작합니다. 지구의 크기, 지구의 온도, 지구가 우주를 향해 내놓는 에너지와 태양에서 지구로 들어오는 에너지를 가지고 계산하면 지구가 식는 속도를 알 수 있습니다. 켈빈 경은 이를 토대로 지구의 역사가 1억 년이라고 선언합니다.

켈빈 경이 이렇게 주장하자 지질학자들은 난감해졌습니다. 동일과정설을 통해 본 지구는 그보다 훨씬 오랜 역사를 가져야 하거든요. 그들은 시베리아나 오스트레일리아의 대지가 아주 오랜 기간, 적어도 수억 년에 걸쳐 만들어졌다고 생각했습니다. 대륙이동설 역시 아주 긴 세월을 필요로 합니다. 1년에 고작 1센티미터밖에 안 되는 아주 짧은 이동이 모이고 모여 지금 같은 형태의 대륙이 만들어진 거니까요. 진화론도 마찬가지입니다. 다윈은 『종의 기원』에서 최초의 생물로부터 진화를 통해 현재의 다양한 생물들이 만들어졌다고 주장합니다. 그리고 여러분도 알다시피 진화는 아주 느리게 이루어집니다. 진화론에서도 1억 년은 너무 짧은 거죠.

하지만 켈빈 경은 저명한 물리학자였죠. 지금도 그렇지만 당시 물리학은 과학을 대표하는 학문, 가장 과학적인 학문으로 여겨졌습니다. 그런 분위기 속에서 물리학자가 최신 물리학 이론으로 계산한 결과에 반박할 여지를 찾는 건 쉽지 않은 일이었죠. 반면 격변론을 주장했던 사람들, 진화론이 아닌 창조론을 옹호했던 사람들은 환호합니다. 지구의 역사가 그리 길지 않다는 것이 자신들의 주장이 옳은 근거라고 생각했기 때문이죠.

하지만 20세기에 들어서면서 물리학이 바뀝니다. 아인슈타인이 기존 물리학 이론을 뒤집는 상대성 이론을 들고나오죠. 뢴트겐과 퀴리가 방사성 물질을 발견합니다. 지질학자들에 의해 지구 내부에 아주 많은 양의 방사성 물질이 있다는

왼쪽부터 아인슈타인, 뢴트겐, 퀴리.

사실도 밝혀집니다. 방사성 물질은 자연 상태에서도 붕괴되어 다른 원자로 바뀌는데, 이 과정에서 열이 발생합니다. 다시 말해서 지구 내부의 방사성 물질들이 붕괴하면서 내놓은 열에너지가 지구가 식는 걸 늦춘 겁니다. 켈빈 경은 전혀 예상치 못한 사실이었죠. 이 현상을 토대로 지구가 식는 과정을 다시 계산해 봤더니 지구의 나이는 수십억 살로 늘어납니다. 이어 지구에 떨어진 운석 등을 연구해 지구가 45억 년 전에 태어났다는 사실이 확인됩니다. 진화론과 동일과정설에 의한 변화가 일어나기에 충분한 시간이죠.

하지만 지구의 나이가 45억 살이라는 건 진화론과 동일과정설에 의한 변화가 이루어질 시간을 확보하는 것 이상의 의미가 있습니다. 현생 인류인 호모 사피엔스가 등장한 건 약 30만 년 전입니다. 인류가 지구에 머문 기간은 지구 역사의 0.01%도 안 되는 거죠. 인류가 문명을 이룩한 건 고작 1만 년 전입니다. 문명이 세워진 기간은 지구 역사의 45만분의 1 정도에 불과합니다. 인류 이전의 세상이 지구 역사의 99.99%를 차지합니다.

그뿐일까요? 고생물학이 발전하면서 예전에 살았던 생물들에 대해서도 자세히 알게 되죠. 삼엽충은 고생대 초기부터 중생대까지 3억 년을 생존했고, 공룡은 1억 년이 넘게 생존했습니다. 이들에 비하면 인류가 지구에 존재해 온 시간은 찰나일 뿐입니다. 어떻게 보면 인류는 지구를 스쳐 지나간 수많은 생물종 중 하나에 불과할 뿐이지요. 지구가 인류의 터전으로서 존재한다고 여겼던 것은 인간의 착각에 지나지 않습니다.

우주의 중심은 어디일까?

중학교에 입학하면서 교과서를 받았을 겁니다. 받은 교과서 중 가장 펼쳐 보지 않은 것이 혹시 사회과 부도는 아닌가요? 수업 시간에 잘 쓰지도 않고 지도만 잔뜩 실려 있으니 손이 안 갈 때가 많죠. 그 사회과 부도를 책상 위에 올려놓고 큼직한 세계 지도가 실린 부분을 펼쳐 보죠. 지도 한가운데에 우리나라가 마치 지구의 중심인 양 자리 잡고 있습니다. 익숙한 그림이지요.

이제 인터넷에 영어로 world map 혹은 world atlas라고 검색해 보죠. 다양한 세계 지도가 나오는데 그중 절반 정도는 가운데에 유럽과 아프리카 대륙이 놓여 있습니다. 한국은 오른쪽 끝부분에 있고요. 가장 많이 등장하는 것은 영국의 그리니치 천문대(경도가 0인 곳입니다.)가 한가운데에 놓인 지도입니다. 현대적 의미의 지도를 만든 곳이 유럽이기 때문이고, 경도와 위도 같은 구분선을 그은 곳도 유럽이기 때문이죠. 이 지도들을 보면 마치 유럽이 세계의 중심인 듯이 보입니다.

그럼 세계의 중심은 유럽일까요 아니면 한국일까요? 아니면 태평양 한가운데? 사실 지구 표면의 어디도 중심이라고 할 수 없습니다.

이는 사회과 부도나 인터넷에서 볼 수 있는 평면 지도가 아니라 지구본을 보면 확실히 알 수 있죠. 지구본을 이리저리 돌려 보면 지구 표면의 모든 곳을 볼 수 있는데, 어느 곳도 지구의 중심이라고 말할 수 없습니다. 오히려 지구의 중심이라고 할 만한 곳은 지구본 가운데, 즉 지구의 내핵이 있는 곳입니다. 결국 지구 표면의 모든 곳은 중심이 아니라는 점에서 공평하다고 볼 수 있습니다.

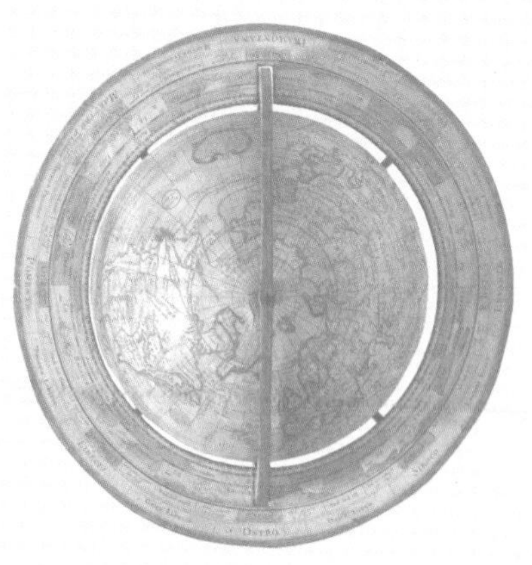

지구본의 어느 지점도 중심이라고 할 수 없습니다.

이런 사정은 우주 지도를 그릴 때도 마찬가지였습니다. 18세기에 영국 천문학자 윌리엄 허셜은 별을 관측해 우리은하의 지도를 그렸습니다. 그렇다면 태양계는 어디에 있을까요? 네, 짐작할 수 있듯이 은하 한가운데에 태양계가 있다고 생각했죠. 물론 허셜이 아무 근거 없이 은하의 중심이 태양계라고 한 건 아닙니다. 하늘을 살펴봤더니 어느 쪽에서든 관측되는 별의 수가 비슷했는데, 허셜은 이를 태양계가 은하 중심에 있어서 나타난 결과라고 생각했죠. 그러나 20세기 들어 태양계는 우리은하 중심이 아니라 나선팔에 존재한다는 사실이 밝혀지면서 허셜의 태양계 은하 중심설은 틀린 것으로 판정됩니다.

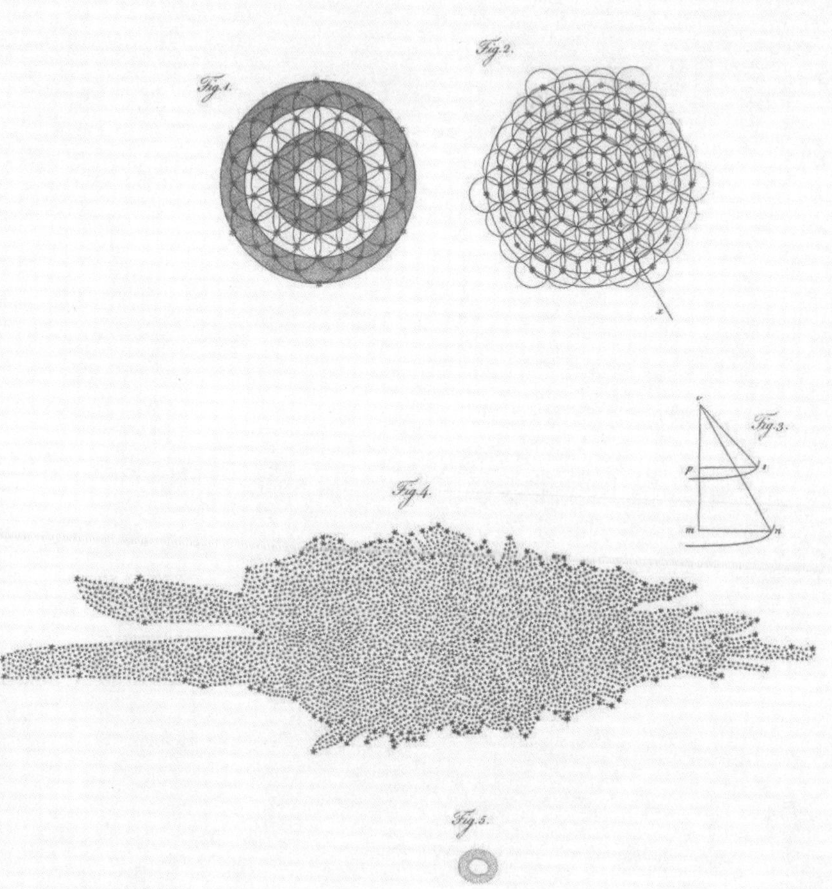

윌리엄 허셜이 그린 은하 지도.

에드워드 힉스, 〈노아의 방주〉, 1846년.

3장

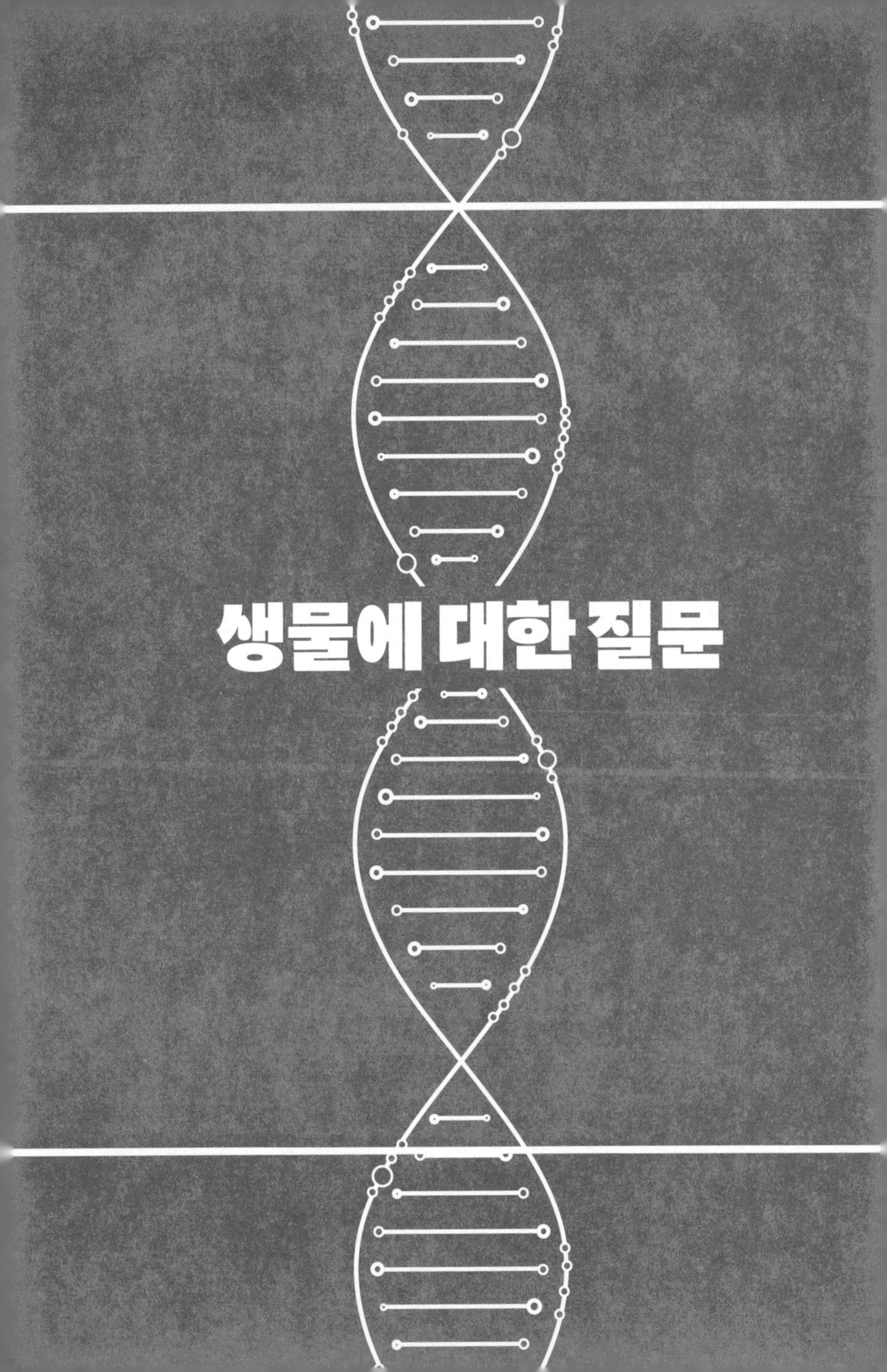

생물에 대한 질문

최초의 분류학

신이 7일간 천지만물을 창조할 때, 셋째 날에는 풀과 씨 맺는 채소, 씨 가진 열매를 맺는 나무를 만듭니다. 다섯째 날에는 바다에 물고기를, 하늘에 새를 만들죠. 여섯째 날에는 가축과 벌레와 땅짐승을 만듭니다. 마지막으로 만드는 것이 인간이죠.

이런 성경 이야기는 옛사람들이 생물을 어떻게 분류했는지를 보여 줍니다. 가장 먼저 식물과 동물, 인간을 나누죠. 식물은 풀과 곡물과 열매 맺는 나무로 나누고, 동물은 가축과 벌레와 땅짐승, 물고기와 새로 나눕니다. 대단히 직관적이고 인간 중심적인 분류라 할 수 있습니다.

윌리엄 블레이크, 〈옛적부터 계신 분〉, 1794년.

식물을 분류한 방식을 먼저 보지요. 밀이나 쌀, 보리, 깨처럼 인간이 씨앗을 먹는 식물을 하나로 묶고 사과, 귤, 딸기처럼 열매를 먹는 식물을 또 하나로 묶습니다. 그런 다음 나머지를 그냥 풀과 나무로 나누는 거예요. 동물도 마찬가지입니다. 인간이 기르는 가축을 하나로 묶고, 나머지를 물에 사는 물고기, 하늘에 사는 새로 나눕니다. 인간과 같이 땅에 사는 동물은 다시 지네나 뱀처럼 다리가 없거나 아주 많아 기어다니는 것과 네 발로 걸어 다니는 짐승으로 나누죠.

보이는 특징에 따라 또 인간과의 관계에 따라 나눈 것이니 알기 쉽고 쓸모도 많죠. 하지만 이런 분류는 본질과 거리가 있는 것도 사실입니다. 예를 들어 거미와 문어를 생각해 보죠. 다리 개수로 따져 보면 둘 다 다리가 여덟 개라는 공통점이 있습니다. 그렇다고 문어가 오징어보다 거미와 더 비슷하다고 말하기는 조금 억지스럽지요. 또 같은 가축이라고 해서 닭과 소를 같이 묶어 버리는 것도 곤란합니다. 아무래도 닭은 소보다는 기러기랑 비슷한 점이 더 많으니까요.

이렇게 생물을 인간과의 관계에 따른 주관적인 인상이 아니라 객관적인 특징에 따라 나누는 것을 분류학이라고 합니다. 서양 역사에서 분류학이 처음 등장한 것은 고대 그리스입니다. 아리스토텔레스에 의해서였죠.

그는 먼저 모든 물질을 무생물과 생물로 나눕니다. 돌이나 물, 불 같은 무생물과 생물은 근본적으로 다르다고 생각했지요. 그가 생각한 생물의 가장 큰 특징은 운동과 감각입니다. 영혼이 있는 생물은 세상을 시각이나 청각, 후각 등으로 느낄 수 있다는 거죠. 자신의 의지로 움직일 수 있는 것 또한 영혼이 있기에 가능하다고 생각했습니다.

어? 구름도 움직이고 파도도 움직이잖아요. 이런 의문이 들 수 있죠. 하지만 아리스토텔레스는 무생물의 움직임은 제 의지가 아니라 주변 환경에 의해 만들어진다는 점에서 생물의 운동과는 다르다고 생각했습니다. 구름과 파도는 바람에 따라 움직이는 것이지 제 의지로 움직이는 게 아니니까요.

여기서 고민이 하나 생깁니다. 식물은 운동도 못 하고 감각도 없는 것 같지만 분명 돌이나 물과는 다른 무언가가 있기 때문이죠. 그래서 아리스토텔레스는 '식물의 영혼'이라는 개념을 만듭니다. 식물은 생식을 하고 영양을 흡수할 수 있다는 점에서 다른 무생물과는 다르다는 거지요.

아리스토텔레스는 인간과 동물의 차이에 대해서도 고민합니다. 동물은 분명 인간과 다른데 보고, 듣고, 냄새와 맛을 느끼는 감각은 갖고 있단 말이죠. 더욱이 움직임을 보면 인간과 같거나 어떤 면에서는 인간보다 더 뛰어납니다. 그렇다면 인간과 다른 동물을 구분 짓는 특징은 무엇일까요? 아리스토텔레스는 논리적으로 사고하는 능력과 지성을 가지고 있다는 점이 인간과 다른 동물의 가장 큰 차이라고 판단합니다. 즉 인간의 영혼은 동물의 영혼에 더해 사고하는 능력과 지성을 가지고 있는 것이죠.

이런 생각 끝에 아리스토텔레스는 크게 네 단계로 이루어진 '생명의 사다리'를 제안합니다. 가장 아래에는 영혼 없는 무생물이, 그 위에는 생식 및 영양 섭취 능력을 가진 식물이 있습니다. 다시 그 위에는 감각과 운동 능력을 가진 동물이 있고, 꼭대기에는 지성과 사고 능력을 갖춘 인간이 놓입니다.

하지만 여기서 끝나면 뭔가 아쉽습니다. 동물이라고 다 같을까? 식물은 모두 같을까? 우리는 흔히 벌레는 하등 동물이고 척추동물은 고등 동물이라고 생각합니다. 원숭이와 지렁이가 동등한 위치에 있다고 하기엔 뭔가 원숭이에게 실례라는 생각이 드는 거죠. 아리스토텔레스도 마찬가지였습니다. 그는 지중해의 한 섬에서 여러 동물을 관찰하면서 동물들 사이의 근본적인 차이가 무엇인지 연구하기 시작합니다. 우리는 아리스토텔레스를 철학자라고만 알고 있지만 사실 그가 남긴 글 중에 4분의 1 정도는 동물과 그 분류에 대한 것입니다. 어찌 보면 아리스토텔레스는 동물학의 시조인 셈이지요.

그는 먼저 몸속에 (붉은) 피가 도는 동물과 그렇지 않은 동물로 나눕니다. 가령 꼬막류를 제외하면 조개에서는 피를 볼 수가 없죠. 문어나 오징어, 게나 새우, 곤충도 모두 피가 없습니다. 사실 이는 피가 없는 것이 아니라 피의 구성 성분이 다른 것입니다. 적혈구의 헤모글로빈은 철을 함유해서 붉은색 피로 나타나고, 헤모시아닌은 구리를 함유하기 때문에 푸른색 피로 나타납니다. 조개나 문어, 곤충은 이런 푸른색 피를 가지고 있습니다. 반면 쥐, 원숭이, 도마뱀, 넙치 등은 모두 붉은 피가 흐르죠. 아리스토텔레스는 인간과 유사한 점이 많은 동물들의 공통점이 바로 (붉은) 피가 흐르는 것이라 생각했습니다. 피가 흐르지 않는 동물은 더 하등하다고 생각했죠.

이어 아리스토텔레스는 생식 방법에 따라 동물을 나눕니다. 피가 흐르는 동물 중 가장 고등한 것은 인간처럼 새끼를 낳는 동물입니다. 지금 통용되는 말을 쓰면 포유류가 되지요. 이에 따라 침팬지, 사자, 여우, 쥐, 돌고래 등이 가장 고등한 동물로 분류됩니다. 2000년도 훨씬 전에 물고기와 생김새가 비슷한 돌고래를 새끼를 낳는다는 이유로 어류가 아닌 포유류와 같이 묶은 건 대단하다고 할 수밖에 없습니다.

포유류 다음은 난태생 동물이 차지합니다. 난태생이란 알이 어미 배 속에서 부화해 새끼 형태로 태어나는 것을 말합니다. 살모사 같은 일부 뱀 종류를 비롯해 상어나 가오리, 홍어 같은 연골어류가 대표적인 난태생 동물입니다. 지금이야 뱀과 상어를 같이 묶는 게 영 어색하지만, 아리스토텔레스는 그렇게 생각하지 않았어요. 새끼를 낳는 동물에 미치지는 못해

19세기 동물학 서적에 묘사된 포유류 동물들.

도 출산 과정이 비슷한 난태생 동물을 분류 사다리에서 두 번째에 올립니다.

세 번째와 네 번째는 알을 낳는 동물입니다. 다만 세 번째에 해당하는 동물은 새와 파충류였고, 네 번째는 양서류와 어류였습니다. 둘 다 알을 낳는다고는 해도 겉보기에 완전히 다릅니다. 새나 파충류의 알은 크기도 크고, 단단한 껍데기가 둘러싸고 있죠. 아리스토텔레스가 보기엔 이것이 제대로 된 알이었습니다. 반면 물고기나 개구리의 알은 하나하나의 크기가 너무 작고 또 단단한 껍데기도 없어 불완전한 알이라고 생각했죠.

피가 흐르지 않는 동물들도 마찬가지로 이런 생식 방법에 따라 나눕니다. 결국 아리스토텔레스에게는 인간에 가까울수록 고등한 동물이고 인간에서 멀수록 하등한 동물이었던 겁니다. 그렇게 아리스토텔레스는 제일 아래 무생물부터 시작해 식물, 하등 무척추동물, 조개, 곤충이나 거미, 게 등의 절지동물, 오징어나 문어 같은 두족류, 포유류를 제외한 척추동물, 그리고 포유류로 올라갈수록 완전해지는 생명의 사다리를 완성하죠.

아리스토텔레스의 사다리는 객관적인 자료를 중심으로 생물을 체계적으로 분류했다는 점에서 의미를 갖지만 그 기준이 인간이라는 한계를 가집니다. 인간과 비슷할수록 고등 생물이 된다는 점에서 인간 중심적인 분류라고 할 수 있죠. 또 하나, 모든 생물을 일렬로 줄 세운다는 점도 한계입니다. 시험 성적으로 모든 학생을 1등부터 꼴찌까지 줄 세우듯이 모든 생물을 가장 하등한 것부터 가장 고등한 인간에 이르기까지 줄을 세우는 것이죠. 이런 줄 세우기는 필연적으로 서열 나누기가 될 수밖에 없습니다.

존재에 매겨진 등급

아리스토텔레스의 존재의 사다리 혹은 생명의 사다리는 중세에 이르면 존재의 위대한 사다리로 확장됩니다. 오른쪽 그림이 그것이죠. 제일 아래부터 무생물, 식물, 동물이 차례대로 놓여 있는 것까지는 똑같습니다. 하지만 이제 더 이상 꼭대기는 인간의 자리가 아닙니다. 인간 위에는 천사들이 있죠.

존재의 위대한 사다리.

천사는 신과 인간을 잇는 존재로서 인간보다 위에 있다고 여겨졌습니다. 그리고 천사 위에는 신이 있습니다.

기독교 신앙이 시대의 중추였던 것을 생각하면 당연하다고 볼 수 있습니다. 그런데 조금 다른 사다리도 있었습니다. 인간을 나눈 사다리였죠. 이 사다리에서 꼭대기를 차지하는 건 교황과 성직자, 교회입니다. 그 아래에는 군주가 있습니다. 보통 왕이라고 불리지만 다스리는 지역에 따라 호칭은 조금씩 달랐지요. 군주 아래에는 귀족이 있습니다. 왕으로부터 일정한 면적의 땅을 하사받고 그 대가로 세금이나 군사적 의무를 이행하는 이들이지요. 귀족 아래에는 기사와 봉신이 있습니다. 기사는 다들 알다시피 일종의 군인 역할을 하죠. 봉신은 귀족을 섬기는 신하 정도로 생각할 수 있습니다.

그리고 그 아래에 상인과 부농, 장인이 있습니다. 제일 아래에는 농민과 농노가 있고요. 여기서 부농은 자신의 토지와 가축을 소유한 사람들을, 농민은 토지를 가지지 못했거나 아주 작은 땅만 가진 사람들을 말합니다. 농민에게는 거주지를 옮길 자유가 어느 정도 있었던 반면, 농노는 땅에 묶여 있어

마음대로 떠날 수도 없고 결혼도 영주에게 허락을 받아야 했지요. 노예보다 아주 조금 나은 상태입니다.

이런 사다리를 '사회적 사다리'라고 했습니다. 생명의 사다리를 인간 사회에 적용한 겁니다. 생명의 사다리가 존재들 사이의 위계를 나타내듯이, 사회적 사다리는 인간 사회의 계급을 나누고 있죠. 당시 지배층과 종교 지도자는 사회적 사다리를 통해 인간 사이의 지배-피지배 관계가 아주 자연스러운 것처럼 이야기했고 또 정당화했습니다.

당시만 해도 태어나면서부터 부모의 계급에 따라 자신의 계급이 정해지는 것이 당연하다고 생각했죠. 국왕의 아들은 국왕이, 귀족의 자식은 귀족이, 농노의 자식은 농노가 되는 거죠. 신분에 따라 할 수 있는 일이 정해져 있었을 뿐만 아니라 신분이 낮은 사람은 신분이 높은 사람에게 복종하는 것이 당연하다고 생각했고요.

지금과는 많이 다르죠. 프랑스 대혁명 등을 거치면서 인간은 다른 인간을 지배할 수 없고, 모든 인간은 타인의 지배를 받을 이유가 없다는 선언이 공표됩니다. 중세와 달리 오늘날에는 모든 인간은 동등한 권리를 가지고 태어난다고 생각하죠. 출신, 성별, 성적 지향, 종교 등이 어떻든 모든 인간은 태어날 때부터 침해받지 않는 인간으로서의 권리, 인권을 가진다고요.

하지만 이런 생각이 현실에서는 실현되지 않을 때가 꽤 많습니다. 어떤 피부색을 가지고 태어났는가가 마치 신분처럼 삶을 결정하기도 하지요. 미국에서 흑인(동물을 인간 중심적인 기준에 따라 나누었듯이, 피부색으로 인간을 나누는 것은 백인 중심적인 시각이기 때문에 요즘은 아프리카계 미국인이라고 합니다.) 은 백인에 비해 최종 학력도, 소득도, 평균 수명도 낮습니다. 뿌리 깊은 인종 차별이 이어지고 있기 때문입니다. 흑인이 백인에 비해 가난한 가정에서 태어날 확률이 높기 때문이기도 합니다. 아프리카나 아시아의 저개발국, 중동이나 남아메리카의 분쟁 지역에서도 마찬가지로 평균 학력, 소득, 평균 수명 등이 낮게 나타납니다.

우리나라라고 예외는 아닙니다. 흔히 말하는 흙수저, 금수저가 대표적이죠. 잘사는 집 자식은 계속 잘살고, 못사는 집 자식은 계속 못산다고들 합니다. 부모가 잘살면 자식들은 더 질 좋은 교육을 받고, 경제적 지원을 받고, 사회적 네트워크를 통해 더 많은 기회를 얻기 때문에 성공할 가능성이 높아지는 거죠. 실제로 부모의 부와 사회적 성취가 자녀에게 대물림되는 모습이 통계로 확인되기도 합니다. 어떤 이들은 가난한 사람이 성공을 꿈꿀 수 없는 세상이 되었다고도 하고, 부가 세습되는 사회라고도 하죠. 재산과 소득이 보이지 않는 사다리를 만든 느낌이라고나 할까요?

숲속에는 정말 아무도 없을까?

아무도 없는 어두운 숲속을 헨젤과 그레텔은 조심스럽게 걸었습니다. 앞선 노파를 따라가며 헨델은 빵을 조금씩 뜯어 지나온 길에 뿌렸어요. 한참을 걷다 보니 저 멀리 작은 오두막이 보입니다.

이렇게 동화 〈헨젤과 그레텔〉은 이야기를 이어 나갑니다. 그런데 이 동화를 청설모가 읽었다면 어떤 생각을 할까요? 어, 왜 숲속에 아무도 없대? 나도 있고, 도마뱀도 있고, 송충이도 있고, 온갖 동물이 다 있는데. 살짝 화를 낼지도 모르겠습니다. 숲에는 인간 말고도 수많은 동물이 있다고 인간 중심적인 시야를 비판하지 않았을까요?

하지만 청설모가 앉아 있던 상수리나무는 이 말에 섭섭할 수도 있습니다. 아니, 청설모야. 동물만 생명이더냐? 네가 숲이라고 뭉뚱그린 말에 속하는 식물이 얼마나 많은지 아느냐고 반발할 테지요. 소나무, 잣나무, 상수리나무, 생강나무 같은 나무들에서부터 강아지풀, 며느리밥풀꽃, 노루발풀 같은 풀도 있거든. 우린 너희 동물이 사는 배경이 아니야.

숲에는 수많은 생물이 살아갑니다.

하지만 상수리나무의 이야기에도 섭섭해할 생물들이 많습니다. 나무 몸통 한편을 차지하고 살아가는 영지버섯, 목이버섯, 송이버섯 등의 버섯도, 죽은 나무를 분해하는 곰팡이도 모두 식물이 아닌 균류에 속하기 때문이지요. 그뿐일까요. 흙 속에, 나무에, 버섯에 붙어 사는 세균과 고세균은 또 다른 종류의 생명입니다. 언뜻 아무도 없는 것 같은 숲이라는 생태계에는 동물과 식물, 균, 세균, 고세균 등 다양한 생물이 살아가고 있지요.

여기서 잠깐. 생물은 크게 원핵생물과 진핵생물로 나뉩니다. 진핵생물은 다시 식물, 동물, 균류, 원생생물로 나뉘고, 원핵생물은 세균과 고세균으로 나뉩니다. 대표적인 고세균으로는 메탄생성균이 있습니다. 일반적인 생물이 살기 힘든 환경, 이를테면 산소가 없거나, 온도가 아주 높거나, 염분 농도가 아주 높거나, 산성도(pH)가 아주 높거나 낮은 곳에서 주로 발견됩니다.

하지만 '아무도 없는 숲'이라는 표현에 우리들 대부분은 별 어색함이나 거북함을 느끼지 않습니다. 은연중에 인간은 여느 생물과 다른 존재라고 생각하기 때문이죠. 이런 사고방식이 바로 인간 중심주의이고요.

세포를 발견하다

생물 시간에 가장 먼저 배우는 것은 '세포'입니다. '모든 생물은 세포로 이루어져 있다. 식물도 동물도 단세포생물도 모두 기본 단위는 세포다.'라고 배웁니다. 그런데 이 '모든 생물의 기본 단위는 세포'는 생각보다 매우 중요한 개념입니다. 지금부터 왜 그런지 찬찬히 이야기해 보도록 하겠습니다.

생물학은 물리학, 화학, 지구과학과 더불어 중고등학교에서 배우는 네 가지 기초 과학 과목입니다. 영어로는 Biology라고 합니다. 그런데 생물학이 처음 등장한 건 언제일까요? 물리학Physics이라는 단어는 이미 기원전 4세기에 등장했습니다. 화학chemistry은 한참 늦게 등장합니다. 중세 시대 연금

술Alchemy로부터 18세기 무렵에 화학이라는 학문이 뻗어 나온 거죠. 생물학이라는 용어는 이보다 100년 정도 더 늦은 19세기가 되어서야 나타납니다. 프랑스 생물학자 라마르크가 처음 사용했습니다.

이전까지는 왜 생물학이라는 용어가 없었을까요? 앞에서 아리스토텔레스 이래 서양에서는 '무생물-식물-동물-인간'이라는 자연의 사다리가 광범위하게 받아들여졌다고 했습니다. 이런 상황에서 서로 다른 존재인 식물과 동물 그리고 인간을 아우르는 학문의 필요성을 느끼지 못했던 거죠. 식물은 식물학에서 다루면 되고, 동물은 동물학에서 다루면 된다고 여겼으니까요. 인간은 의학과 철학, 신학에서 다루었고요. 이들 모두를 묶을 생물학이 따로 필요하지 않았습니다.

그러나 현미경이 발명되면서 상황이 바뀝니다. 17세기 영국 과학자 로버트 훅이 현미경을 통해 세포를 처음으로 관찰합니다. 눈에 보이지 않던 아주 작은 생물, 미생물도 발견하지요. 이전까지는 생물을 동물과 식물 정도로 나누었는데, 둘 중 어디에도 해당하지 않는 미생물의 발견은 '생물학'이라는 개념이 세워지는 데 한몫합니다. 현미경을 통해 이제까지 눈으로는 볼 수 없었던 미시 세계를 관찰할 수 있게 되자 여러 분야의 과학자들이 앞다투어 현미경 앞으로 몰려들죠. 광물학자는 돌을, 식물학자는 식물의 뿌리와 잎을, 동물학자는 동물의 피부와 다양한 장기를 관찰했지요.

이 과정에서 학자들은 자연스럽게 세포에 관심을 가지게 됩니다. 동물학자는 동물의 피부에서, 위장에서, 근육에서 세포가 기본 단위를 이루고 있다는 사실을 발견합니다. 마찬가지로 식물학자는 식물의 잎과 뿌리, 줄기가 모두 세포로 이루어져 있다는 사실을 알아내고요. 이렇게 100년 가까이 현미경을 통한 관찰 끝에 동물학자와 식물학자들은 모든 식물과 동물의 기본 단위가 세포라는 사실을 확인하지요.

그럼으로써 식물과 동물이 완전히 별개의 존재가 아니라 기본 단위가 세포라는 공통점을 가진 존재라는 사실이 드러났습니다. 연구를 통해 확인된 것은 이뿐만이 아닙니다. 식물과 동물의 모든 세포가 몇 가지 차이점은 있지만 기본적으로 구조가 같다는 사실도 알아냅니다. 가령 모든 세포는 중심에

로버트 훅이 사용했던 현미경(위)과
훅이 현미경으로 관찰한 코르크나무의 세포입니다.

핵이 있고, 세포막으로 둘러싸여 있으며, 내부에 공통된 세포 내 소기관인 미토콘드리아, 소포체, 골지체 등을 가지고 있습니다. 그리고 이는 인간도 예외가 아니었지요.

세포가 하는 일도 비슷했습니다. 세포는 기본적으로 세포 호흡을 통해 생명을 유지하는데 인간과 동물, 식물의 모든 세포는 이 과정이 완전히 같습니다. 미토콘드리아라는 세포 내 소기관이 영양분과 산소를 가지고 ATP라는 생체 내 에너지 화폐를 만드는 과정에서 물과 이산화탄소가 생겨나는 것은 어느 진핵생물이든 같다는 말입니다. 덧붙이자면 생물의 몸에서 일어나는 물질대사는 거의 대부분 에너지를 필요로 합니다. 하지만 다른 형태의 에너지(포도당, 지방 등)는 직접 사용할 수 없고, ATP라는 물질로만 에너지를 공급받습니다.

이렇듯 세포에 대한 연구를 통해 모든 생물이 세포라는 공통된 기반을 가진 존재라는 걸 알게 되었습니다. 이 과정에서 자연스럽게 식물과 동물, 새로 발견된 세균과 원생생물 등 미생물을 모두 포괄하는 생물학이라는 학문이 탄생합니다. 그리고 인간을 비롯한 모든 생명은 세포라는 동일한 단위를

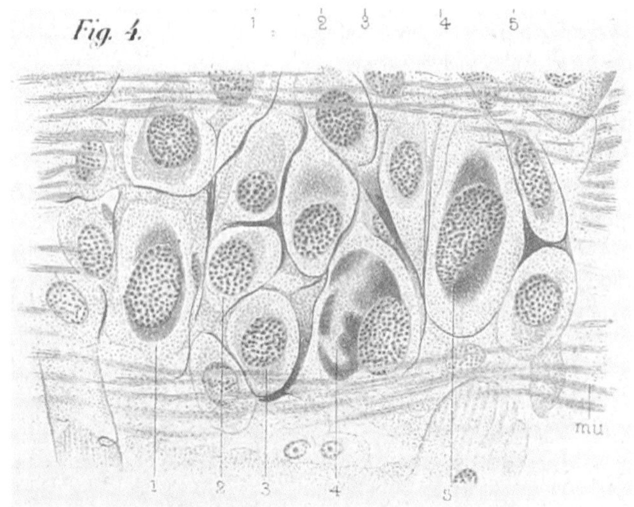

모든 생물은 세포를 기본 단위로 합니다.

기반으로 한다는 면에서 차이보다는 공통점이 더 많다는 사실을 알게 되었습니다. 세포의 발견은 식물 위의 동물, 동물 위의 인간이라는 서열을 세웠던 생명의 사다리가 잘못된 편견이었음을 보여 줍니다.

생물학자들이 발견한 것은 이뿐만이 아닙니다. 생물을 구성하는 세포가 대단히 다양하다는 사실도 알게 됩니다. 가령 인간을 구성하는 세포는 크게 표피세포, 근육세포, 신경세포, 지방세포, 뼈세포, 혈세포, 분비세포 등이 있고, 각각은 다시 다양한 종류의 세포로 나뉩니다. 신경세포는 연합신경세포, 감각신경세포, 운동신경세포 등으로 나뉘고, 뼈세포는 뼈조상세포, 뼈모세포, 뼈세포, 뼈파괴세포, 뼈표면세포 등으로 나뉘는 식이지요.

이런 세포들이 모여 조직을 구성합니다. 근육세포 여러 개가 모여 근육조직을 만들고, 표피세포 여러 개가 모여 표피조직을 만드는 식입니다. 조직들은 모여 기관을 구성합니다. 이를테면 위장은 위장근육조직, 혈관조직, 표피조직, 신경조직 등으로 구성되지요. 마찬가지로 폐, 소장, 뇌, 눈 등도 여러 조직이 모여 만들어집니다.

기관들은 모여 기관계를 만듭니다. 위장, 소장, 대장, 이자 등이 모여 소화기관계를 만들고, 심장, 정맥, 동맥, 모세혈관 등이 모여 순환기관계를 만드는 식이죠. 그 밖에 배설계, 신경계 등 다양한 기관계가 있습니다. 이런 기관계가 모여 하나의 개체, 생물이 됩니다. 즉 세포-조직-기관-기관계-개체라는 구성 단계가 있는 거죠. 여기에는 고양이도, 쥐도, 인간도 예외가 없습니다. 각 구성 단계도 비슷합니다. 인간을 구성하는 기관계는 운동계, 소화계, 호흡계, 비뇨생식계, 순환계, 신경계, 피부계, 내분비계인데, 이는 고양이도, 소도, 말도 마찬가지입니다. 지렁이나 조개, 산호 같은 동물은 좀 다릅니다만, 최소한 척추동물에 한해서는 개체를 이루는 단계에서 인간과 다른 동물 사이에 별 차이가 없는 것이죠.

그런데 이런 다양한 세포와 조직, 기관을 연구하다 보니 이전까지 잘 몰랐던 새로운 사실이 눈에 띕니다. 가령 인간과 고양이를 비교해 보죠. 고양이의 신경세포와 인간의 신경세포는 아주 비슷합니다. 전문가가 아니고서야 두 세포만 보고 인간과 고양이를 구분할 수는 없습니다. 조직도 비슷합니다. 인간의 근육조직과 고양이의 근육조직을 일부만 떼어 내서 살펴보면 역시 구분하기 쉽지 않습니다. 뇌, 위장, 소장 같은 기관은 크기로 구분할 수 있지만 신경세포나 근육조직이 그랬듯이 차이점보다는 공통점이 더 많습니다.

결국 인간의 신경세포는 인간의 근육세포보다 고양이의 신경세포와 훨씬 더 닮았습니다. 인간의 근육조직은 인간의 신경조직보다는 고양이의 근육조직과 훨씬 더 비슷하고요. 인간의 뇌가 인간의 위장보다 고양이의 뇌와 훨씬 더 비슷한 건 말할 필요도 없겠습니다. 모양새만 비슷하다는 말이 아닙니다. 하는 일도 마찬가지입니다. 인간의 뇌가 하는 일은 인간의 소장이 하는 일보다는 고양이의 뇌가 하는 일과 더 유사합니다. 인간의 소장이 하는 일은 고양이나 쥐의 소장이 하는 일과 비슷하지요. 다른 기관들도 마찬가지입니다. 인간의 폐는 사자, 기린, 코끼리의 폐와 같은 일을 합니다.

너무 당연한 게 아니냐고요? 하지만 이는 우리가 이미 잘 만들어진 생물학을 배웠기 때문에 할 수 있는 생각입니다. 인간은 다른 동물들과 차원이 다르다고 생각했던 옛사람들에게 인간의 생물학적 구성이 다른 동물들과 아주 비슷하고, 본질적으로 같다는 사실은 충격이 아닐 수 없었습니다. 그렇다면 인간은 도대체 어떤 점에서 다른 동물과 구분될 수 있는지 고민이 생길 수밖에 없었던 것이죠.

그리고 이 고민에 대한 답은 아주 분명합니다. 인간은 생물학적 측면에서 다른 동물과 전혀 다르지 않습니다. 물론 인간만의 고유한 특징이 없는 건 아닙니다. 하지만 이는 고양이가 고양이만의 고유한 특징을 가진 것이나 문어가 문어만의 고유한 특징을 가진 것과 아무런 차이가 없습니다. 가령 인간의 생물학적 특징은 무엇일까요? 직립 보행을 하고, 집단생활을 하고, 대개 체모가 가늘고 짧아 피부가 노출되어 있으며, 대뇌가 큰 편입니다. 하지만 대부분의 새들도 직립 보행을 하고, 코끼리, 소, 말, 바다새 등 다양한 동물이 집단생활을 합니다. 피부가 털에 덮여 있지 않은 건 코끼리나 고래, 돌고래, 물개도 마찬가지죠. 대뇌가 크다는 건 대부분의 원숭이에게도 해당되는 특징입니다.

이렇게 되자 인간의 특별함을 고수하고 싶은 사람들은 다시 인간의 뇌가 가장 크다고 주장합니다. 하지만 고래의 뇌는 인간보다 훨씬 더 큽니다. 코끼리의 뇌도 인간보다 큽니다. 그러자 사람들은 신체에서 뇌가 차지하는 비율은 인간이 가장 크다고 주장하죠. 하지만 이 역시 사실이 아니었습니다. 몸집이 작은 동물일수록 신체에서 뇌가 차지하는 비율이 높

았거든요. 쥐든 고양이든 말이죠. 결국 어떤 면을 따져 보든 인간에게는 다른 동물과 구분되는 특별한 점이 (적어도 생물학적 측면에서는) 존재하지 않았습니다.

우리가 세상을 나누는 방식

여러분은 동물을 어떻게 분류하나요? 인터넷에 '동물의 분류'나 'classification of animals'로 검색해 보면 이상한 결과가 나옵니다. 절반 이상이 동물을 척추동물과 무척추동물로 나누고 있거든요. 이런 결과를 보면서 이상하다고 생각하는 사람은 소수입니다. 대부분은 이게 왜 이상하냐고 묻지요. 하지만 동물을 척추동물과 무척추동물로 나누는 건 우리나라를 서울과 지방으로 나누는 것과 비슷합니다. 서울에 사는 사람들은 이상한 대답이라고 생각지 않겠지만, 지방에 사는 사람들은 이런 분류가 많이 섭섭할 겁니다. '지방'이라고 뭉뚱그린 곳에는 전라도, 경상도, 강원도 등 여러 지역이 속해 있거든요. 그런데 그 모두를 지방으로 묶어 버리다니, 섭섭할 수밖에요.

종종 우리는 세상을 이렇게 분류하곤 합니다. 우리나라와

외국, 우리 반과 다른 반, 우리 동네와 남의 동네 같은 식으로요. 이는 우리 인식 내부에 자리 잡은, '우리'와 '우리 외'로 세상을 구분하는 습관입니다. 동물의 세계에서도 마찬가지예요. 우리가 척추동물에 속하니 동물 전체를 척추가 있는 동물과 척추가 없는 동물로 나누는 거죠. 하지만 다른 동물 입장에서는 속상할 일입니다.

척추동물, 정확하게는 척삭동물문은 동물의 36가지 분류군 중 하나에 불과합니다. 대한민국을 광역자치단체로 나누면 총 17개인데 그중 하나가 서울인 것과 같아요. 척삭동물문 외에 곤충이나 거미, 게 등이 포함된 절지동물문도 있고, 문어, 전복, 바지락 등이 속한 연체동물문도 있고, 아마 여러분이 한 번도 들어 보지 못했을 새예동물문, 성구동물문, 의충동물문 같은 낯선 분류군도 있습니다. 30가지가 넘는 동물의 종류 중 하나가 척추동물(척삭동물문)임에도 불구하고 우리가 동물을 척추동물과 무척추동물로 나누는 관습은 우리 안의 인간 중심주의가 얼마나 뿌리 깊은 것인지를 보여 줍니다.

그런데 척추동물은 또 어떻게 분류할 수 있을까요? 생물학

개는 대표적인 척추동물입니다.

에 관심이 있는 사람이라면 어류, 양서류, 파충류, 조류, 포유류로 나눈다고 대답하겠죠? 물고기와 개구리, 도마뱀, 새, 포유류 정도로 나누는 거지요. 하지만 생물학적으로 엄밀하게 따지면 이 또한 틀린 분류입니다. 척삭동물문은 크게 척추를 가진 동물과 척추 없이 척삭만 가진 동물로 나뉩니다. 멍게와 미더덕이 대표적인 척추 없는 척삭동물입니다. 우리가 보기에 멍게는 전복이나 말미잘과 더 비슷한 것 같지만 사실은 인간하고 더 가까운 거지요.

척추를 가진 동물은 다시 턱이 있는 동물(유악)과 턱이 없는 동물(무악)로 나뉩니다. 부산에서 즐겨 먹는 먹장어(꼼장어)가 대표적인 무악어류입니다. 턱이 있는 동물은 다시 연골어류와 경골어류로 나누

대표적인 무척추동물인 조개.

죠. 연골어류는 뼈가 물렁뼈로 이루어진 동물로 상어나 가오리, 홍어 등이 속합니다. 뼈가 딱딱한 경골어류는 다시 육기어류와 조기어류로 나뉘는데, 현재 존재하는 물고기는 대부분 조기어류에 속합니다. 마지막으로 육기어류는 다시 양서류, 파충류, 포유류 등으로 나뉩니다. 그러니 포유류나 양서류, 파충류는 척추동물 중에서도 극히 일부에 불과합니다.

결국 포유류는 척삭동물 중 척추동물, 척추동물 중에서도 유악동물, 유악동물 중에서도 경골어류, 경골어류 중에서도 육기어류, 그 육기어류에 속하는 다섯 개 정도의 분류군 중 하나일 뿐이라는 거죠. 또한 포유류는 전체 동물 가운데 1%도 채 되지 않습니다. 개체 수로 따지면 더 적어서 0.1%가 안 됩니다. 그럼에도 우리가 동물의 세계를 그릴 때 가장 많이 등장하는 동물이 포유류입니다. 동물 다큐멘터리에서 가장 자주 다뤄지는 것도, 인터넷에서 동물이나 animal을 검색하면 가장 많이 나오는 것도 포유류입니다. 가끔 파충류와 조류가 등장할 뿐이죠. 다양한 종류의 동물이 묘사된 그림을 봐도 그중 대부분은 포유류입니다. 거기에 몇몇 파충류와 조류, 양서류가 더해지죠. 모두 척추동물입니다. 가뭄에 콩 나듯이 벌이나 나비 같은 곤충도 등장하지만요.

물론 이런 구분은 자연스러운 일입니다. 하지만 이런 자연스러운 구분은 항상 나와 우리를 중심에 놓는 주관적인 해석의 결과이지 객관적이지 않다는 점을 되새기는 것이 중요합니다. 객관적으로 보았을 때 척추동물은 전체 동물 중 채 4%도 되지 않고, 포유류는 척추동물 중에서도 10% 정도밖에 되지 않습니다. 이런 포유류가 동물을 대표한다고 볼 수는 없는 거죠.

사실 전체 동물을 대표한다고 볼 수 있는 건 곤충입니다. 전체 동물 중 70%가 넘는 종류가 곤충입니다. 그다음은 거미입니다. 그런데 곤충과 거미는 모두 절지동물에 속합니다. 게와 새우도 절지동물이죠. 절지동물이 전체 동물의 90%가량을 차지합니다. 결국 동물의 세계에서 주인공은 척추동물이 아닌 절지동물이 되어야 맞습니다. 심지어 척추동물 중에서도 주인공은 포유류가 아닌 어류입니다. 척추동물에 속하는 수많은 동물 중 절반가량이 어류거든요. 어떻게 봐도 인간을 지구의 주인이라 여기기엔 부족함이 있는 게 사실입니다.

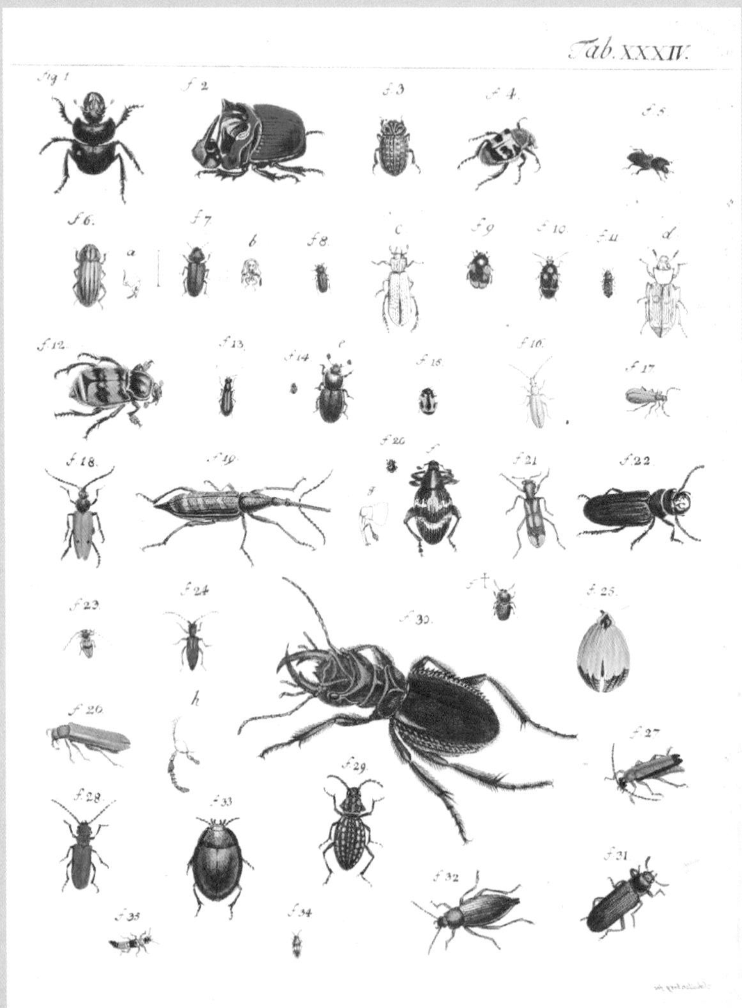

곤충은 지구상의 동물 중 70% 이상을 차지합니다.

우리 몸을 구성하는 원소는 전부 얼마일까?

인간의 몸을 구성하는 원소들을 전부 사려면 얼마나 필요할까요? 2013년 영국왕립화학협회가 계산한 바에 따르면 1억 5000만 원 정도가 든다고 합니다. 그렇게 많이 드냐고 놀랄 수도 있고, 그것밖에 안 되냐고 생각할 수도 있겠죠. 그런데 하나 생각해 볼 점은, 원소들을 다 사더라도 그걸로 인간을 만들 수는 없다는 사실이죠.

뜨개용 실이 있습니다. 세 가지 색의 실을 사는 데 1만 5000원 정도가 들었다고 가정해 보죠. 이 실로 스웨터를 떴습니다. 스웨터의 가격은 어느 정도가 적당할까요? 실을 사는 데 쓴 1만 5000원이면 충분할까요? 아무도 그렇게 생각하지 않을 겁니다. 실로 뜨개질을 한 노동에 대한 대가가 포함되지 않았으니까요. 어떤 사람은 5만 원에 팔 수도 있고, 또 어떤 사람은 10만 원은 받아야 한다고 주장할 수도 있습니다. 사는 사람 입장에서 생각해 보자면 스웨터에는 그저 실이었을 때와는 다른 가치가 있습니다. 실은 입을 수 없지만 스웨터는 입을 수 있지요. 스웨터는 실로 구성되어 있지만 실과는 다른 무언가입니다.

생물도 마찬가지입니다. 수소, 산소, 질소, 탄소 등 몸을 구성하는 원소를 단순히 모아 놓는다고 해서 생명이 만들어지지는 않습니다. 이런 원소들이 모여서 아미노산, 핵산, 지방산, 글리세롤, 바이타민 등 다양한 화합물을 만드는 것이 먼저입니다. 다음은 이런 물질들로 좀 더 복잡한 구조를 만드는 일입니다. 세포막, DNA, RNA, 단백질, 호르몬, 미세소관 등이 만들어집니다. 그리고 이들이 모여 세포가 만들어지지요.

일단 세포가 만들어지면 상황이 달라집니다. 세포는 생명의 기본 단위이자 그 자체로 하나의 생명입니다. 물질대사를 통해 스스로를 유지하고, 생식을 통해 또 다른 생명을 만들고, 다양한 종이 모여 생태계를 이룹니다. 이렇게 이전 단계에서는 전혀 존재하지 않던 특성이 다음 단계에서 돌연히 나타나는 현상을 '창발성'이라고 합니다.

이런 창발성은 다세포생물에서 다시 등장합니다. 세포가 모여 조직을 만들고, 조직이 모여 기관을 만들고, 기관이 모여 기관계가 되고, 기관계가 모여 개체가 됩니다. 그리고 개체가 되는 순간 다시 생명을 꽃피웁니다.

인간의 경우 근육세포도, 신경세포도 홀로 존재하지 못합니다. 이들이 모인 근육조직도, 신경조직도 마찬가지죠. 위, 소장, 간, 췌장, 대뇌 등의 기관도 독자적으로 생명 활동을 할 수 없습니다. 위장, 식도,

소장, 대장 등이 모인 소화기관계도 마찬가지입니다. 하지만 이들 모두가 모여 인간이라는 하나의 개체를 이루는 순간, 우리는 지구의 가장 신비로운 생명 현상을 볼 수 있습니다. 창발성은 다양한 곳에서 나타나지만 그 특징을 가장 온전히 보여 주는 것은 바로 개체입니다.

루카스 크라나흐, 〈에덴 동산〉, 1530년.

4장

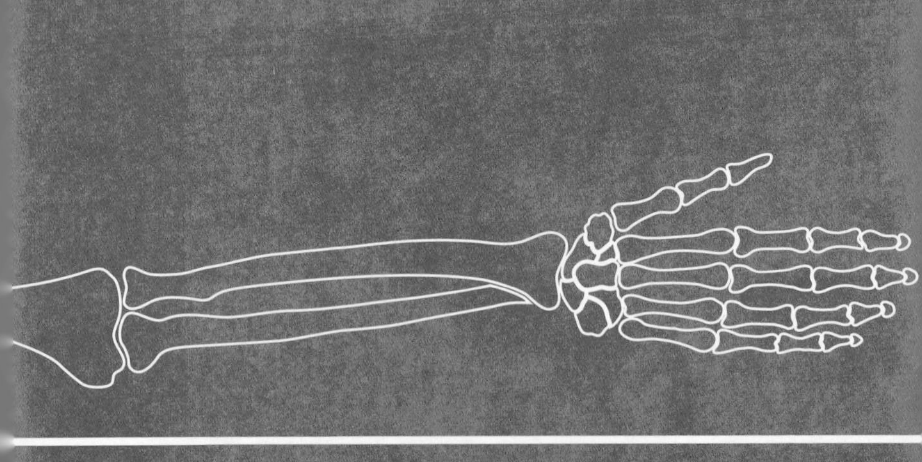

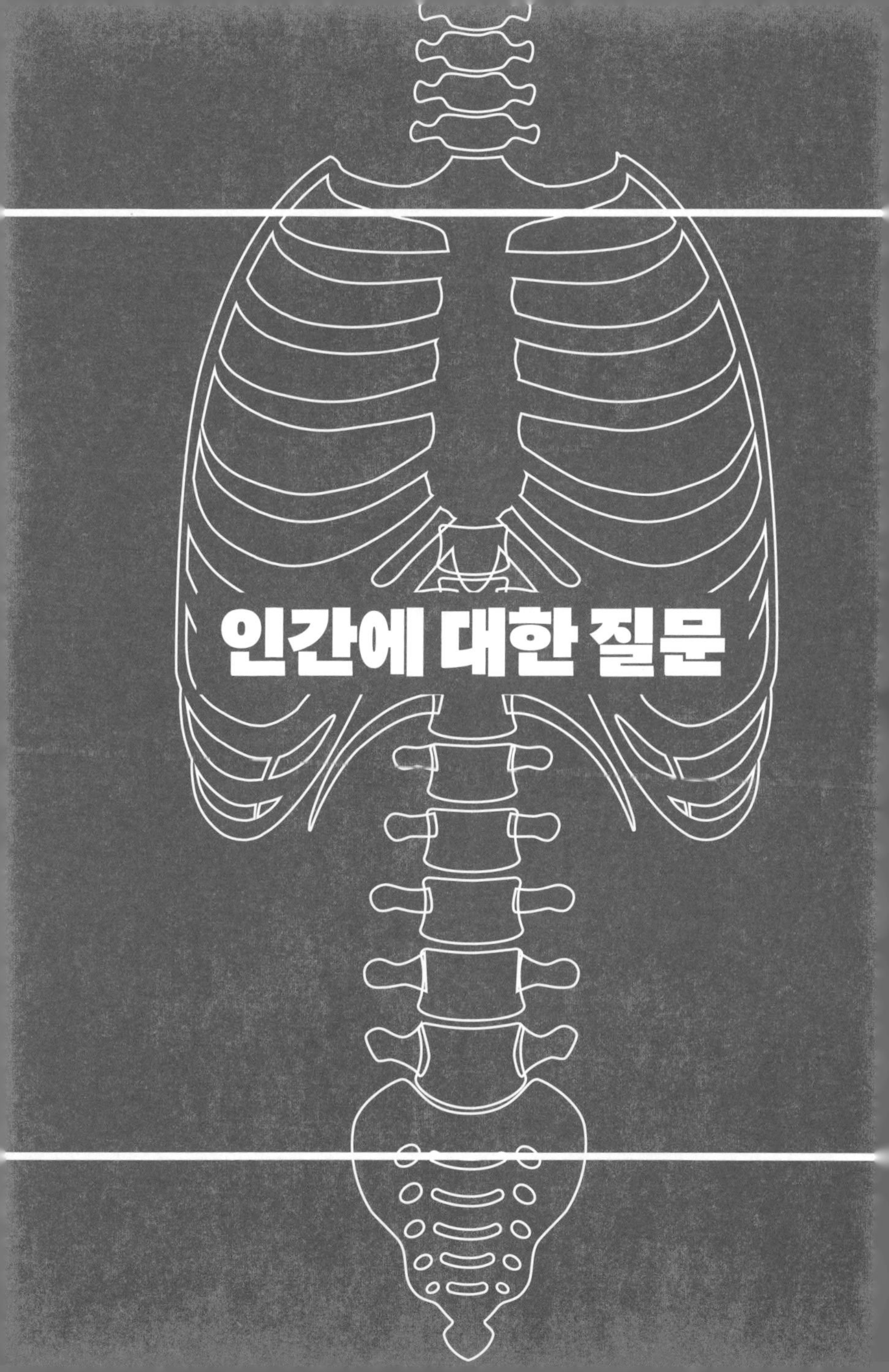
인간에 대한 질문

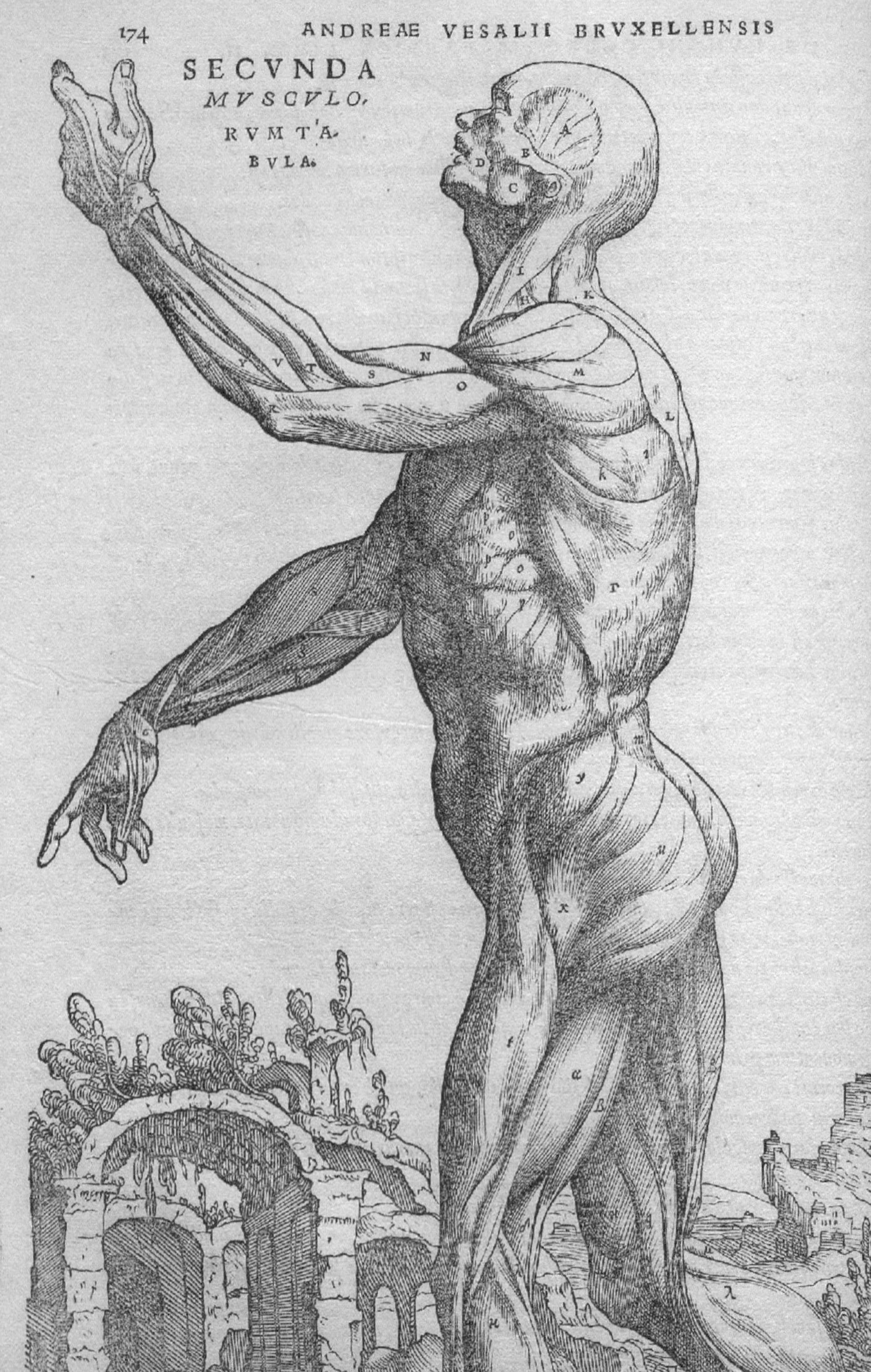

SECVNDA MVSCVLO-RVM TA-BVLA.

화석에서 발견된 흔적

인간은 아주 오래전부터 가축과 작물의 품종 개량에 공을 들였습니다. 개를 예로 들어 보죠. 원래 늑대를 길들여 개가 되었으니 첫 모습은 늑대와 흡사했습니다. 하지만 수백, 수천 세대에 걸친 개량 끝에 지금은 같은 종이라고 보기 힘들 정도로 다양한 개가 존재하죠. 덩치가 큰 품종의 개는 키가 무려 1미터가 넘는 반면, 덩치가 작은 품종의 대표 격인 치와와는 키가 12~20센티미터에 불과합니다. 거의 고양이와 호랑이 정도의 차이가 나는 거죠.

식물도 마찬가지입니다. 야생 겨자를 개량한 채소들이 대표적이지요. 끝눈 부분을 먹을 수 있게 개량한 양배추, 곁눈

부분을 먹을 수 있게 개량한 방울 양배추, 잎을 집중적으로 키운 케일 등. 그 밖에 콜리플라워, 콜라비, 브로콜리도 모양은 모두 다르지만 같은 종입니다. 이 또한 수백, 수천 세대에 걸친 품종 개량의 결과이지요.

이렇듯 품종을 개량해 본 인간은 혹시 야생의 생물들도 어떤 조건에서 품종 개량과 같은 과정을 거쳐 다양한 생물이 된 것이 아닐까 하는 생각을 하게 됩니다. 물론 경험을 통해 어떤 생물이 비슷한 다른 종으로 바뀔 수는 있어도 완전히 다른 종이 될 수는 없다고 생각한 이들이 대부분이었죠. 가령 고양이와 호랑이는 같은 고양잇과이니 고양이가 호랑이가 되는 건 상상해 볼 수 있지만, 고양이가 소가 된다거나 달팽이가 개구리가 되는 건 상상하기 힘든 일이었죠. 고대 그리스의 뛰어난 자연철학자 중 한 명인 플라톤 역시 이런 변화 가능성을 부인한 대표적인 사람입니다.

하지만 일부는 이런 변화가 가능하다고 생각했습니다. 고대 그리스 철학자인 아낙시만드로스는 모든 생물이 물에서 태어났으며, 시간이 지나 육상동물이 생겨났다고 주장했지요. 엠페도클레스는 생물의 형태가 적응의 결과임을 주장했고요. 아리스토텔레스도 현존하는 모든 생물은 생존 방법에 맞는 형태를 갖춘 것이며, 더 우수한 다른 생물이 나타난다면 지금의 생물은 멸종할 거라고 생각했습니다. (아리스토텔레스는 나중에 이런 생각을 바꾸긴 합니다.)

어쨌든 이런 변화를 주장한 사람들은 소수였습니다만 시대가 흘러도 존재했습니다. 가톨릭교회 성인인 아우구스티누스는 하느님이 창조한 동물은 불완전한 형태에서 출발해 천천히 변화했다고 이야기하죠. 중세 시대에도 이슬람을 중심으로 이런 진화 혹은 변화에 대한 고민이 이어집니다. 중세 이슬람 철학자이자 의사이며 생물학자였던 알 자히즈는 동물은 생존을 위한 경쟁을 하는 과정에서 그 형태가 생존에 유리한 방향으로 변화한다고 말합니다. 이러한 변화가 새로운 종을 만들며, 새로운 종의 자손들이 번성하게 된다고 주장하지요.

그러나 18세기 무렵까지 서양에서 주류적인 생각은 이런 것이었습니다: 모든 생명은 하느님이 창조한 것이며, 애초 형태가 조금씩 변할 수는 있지만 종이 바뀌는 커다란 변화는 일어날 수 없다. 더욱이 진화를 주장하는 소수 또한 진화의 증거를 제시하거나 원리를 제대로 설명하지 못하니 헛소리에 불과하다고 여겼죠.

하지만 지금은 존재하지 않는 생물들의 화석이 발견되고, 아프리카와 동남아시아, 아메리카 등에서 유럽과 그 주변에서는 볼 수 없었던 새로운 생물들이 발견되면서 진화론을 지지하는 과학자들이 점차 늘어납니다. 여기에 박물학자들이 지층에서 발견된 화석을 연구해 보니 두 가지 사실이 드러납니다. 하나는 오래된 지층일수록 현존하는 것과 다른 생물들이 많이 발견된다는 겁니다. 이를테면 조금 오래된 지층에서는 공룡이 나타나는데, 그보다 더 오래된 지층에서는 공룡도 없고 삼엽충만 발견되는 거죠. 반대로 현존하는 생물들은 오래된 지층일수록 발견되지 않습니다. 특히 인간의 화석은 수십만 년 이상 된 지층에서는 아예 발견되지 않아요. 포유류도 6000만 년 이상 된 지층에서는 아주 드물게만 발견되죠. 조류 역시 오래된 지층에서는 발견되지 않습니다.

이러한 사실은 예전에 살았던 생물과 현존하는 생물이 서로 다르다는 강력한 증거가 됩니다. 이를 설명하는 두 가지 방식이 있습니다. 하나는 예전의 생물이 진화를 통해 지금의 생물로 바뀌었다는 것이고, 다른 하나는 예전의 생물이 모두 멸종하고 하느님이 새로운 생물을 창조했다는 것이죠. 하지만 신이 한 번도 아니고 여러 번 생물을 창조했다는 주장은 합리적이라고 보기 힘들죠. 과학자들은 점차 진화론에 무게를 둡니다.

여기에 지역마다 다른 생물이 서식하는 것에 대해서도 설명이 필요했습니다. 같은 고양잇과 동물이라도 아프리카에는 사자가 살고, 아시아에는 호랑이가 삽니다. 아메리카에는 퓨마나 재규어가 살죠. 마찬가지로 아프리카들소인 누와 아시아의 물소, 아메리카 대륙의 바이슨은 같은 소이지만 외양이 상당히 다릅니다. 이에 대해서도 두 가지 설명이 가능합니다. 하나는 신이 지역마다 제각기 다른 동물을 창조했다는 것이고, 다른 하나는 동물이 서식지의 환경에 맞춰 저마다 다르게 진화했다는 것이죠. 결국 여기서도 더 합리적인 주장인 진화론에 과학자들의 마음이 쏠리게 됩니다.

진화 ≠ 진보

18세기가 되자 유럽 곳곳에서 진화를 주장하는 사람들이 나타납니다. 찰스 다윈의 할아버지이자 의사, 자연철학자, 생리학자였던 이래즈머스 다윈이 대표적이죠. 그는 『주노미아 Zoonomia』라는 책에서 진화를 주장합니다. 생물학이라는 용어를 만든 프랑스 생물학자 라마르크도 대표적인 진화론자였습

라마르크(위)는 기린이 높은 곳에 있는 나뭇잎을 먹기 위해 목이 길어졌다고 주장했습니다.

니다. '용불용설'이라는 진화의 원리를 제시한 것이 바로 라마르크입니다. 기린이 높은 곳에 있는 나뭇잎을 먹기 위해 목을 빼다 보니 지금처럼 길어졌다는 예시로 유명한 원리죠. 프랑스 수학자이자 박물학자인 뷔퐁 백작 또한 진화론을 주장한 주요 인물입니다.

이런 흐름 속에서 찰스 다윈의 진화론이 탄생합니다. 남아메리카 대륙을 탐험하면서 진화와 그 원리를 떠올린 다윈은 영국에 돌아와 수십 년에 걸쳐 자신의 생각을 갈고닦습니다. 누구도 반박할 수 없는 논리와 증거를 제시하고 싶었던 거죠.

찰스 다윈.

다윈의 진화론에서 핵심은 두 가지입니다. 하나는 모든 개체가 서로 조금씩 다른 변이를 가지고 있다는 것입니다. 다른 하나는 환경에 유리한 변이를 가진 개체가 생존에 유리하고 또 많은 자손을 남기게 되니 이들이 가진 유전자가 더 많아진다는 것이죠.

가령 우리 몸은 태어날 때 젖에 포함된 유당을 소화하기 위해 유당 분해 효소를 분비합니다. 하지만 젖을 뗀 뒤부터는 유당 분해 효소 분비가 점점 줄어들다가 마침내는 멈추게 되죠. 이때 분비량이 줄어드는 정도는 사람마다 다릅니다. 어떤 사람은 여덟 살에 완전히 멈추는데 어떤 사람은 열다섯 살에 완전히 멈추고, 또 어떤 사람은 성인이 되어서까지도 계속 분비됩니다. 하지만 나이가 들면 더 이상 젖을 먹지 않으니, 유당 분해 효소를 분비하는 것이 에너지와 자원을 쓸데없이 소모하는 일이 되지요. 유당 분해 효소 분비가 멎는 쪽이 생존에 더 유리합니다.

그런데 소나 양, 말 등의 가축들을 기르기 시작하면서 상황이 바뀝니다. 소나 양, 말 등의 젖을 음식으로 삼기 시작한 것이죠. 특히 북유럽 같은 추운 지역에서는 젖을 발효시켜 유당이 거의 없는 요구르트 등으로 만들기가 힘들어(발효시키는 데 따뜻한 온도가 필요하기 때문이죠.) 그대로 먹는 경우가 늘어납니다. 이렇게 되자 이제는 유당 분해 효소가 나오는 편이 생존에 더 유리해집니다. 유당 분해 효소가 있는 이들이 더 많이 살아남아, 더 많은 유전자를 남깁니다. 이 때문에 북유럽에서는 성인이 된 뒤에도 유당 분해 효소가 계속 분비되는 사람의 비율이 다른 지역에 비해 훨씬 높습니다. 다윈의 진화론은 이처럼 환경이 변화하면 그에 유리한 변이를 가진 개체가 늘어나고, 이 과정이 진화의 핵심이라고 봤습니다.

그런데 여기서 하나 생각해 볼 것이 있습니다. 많은 사람들이 진화는 곧 진보라고 생각합니다. 진화하는 건 더 좋아지는 것이라고요. 하지만 유당 분해 효소 분비는 어떤가요? 상황에 따라 효소를 분비하는 것이 더 유리할 수도 있고, 반대로 효소를 분비하지 않는 것이 더 유리할 수도 있습니다. 둘 중 무엇이 더 낫다고도 할 수 없죠.

마찬가지로 많은 사람들이 '퇴화'를 진화의 반대말로 알고 있습니다. 퇴화는 퇴보로, 진화는 진보로 여기는 겁니다. 하지만 전혀 그렇지 않습니다. 고래는 원래 육상동물이었죠. 네 다리가 있었습니다. 그러나 바다로 가자 앞다리는 지느러미로 변하고 뒷다리는 퇴화해 사라집니다. 마찬가지로 인간에게는 원래 꼬리가 있었지만, 직립 보행을 하면서 퇴화해 지금은 아주 짧은 꼬리뼈만 살 속에 파묻혀 있습니다. 환경이 변하면서 혹은 하는 역할이 바뀌면서 필요 없어진 기관은 사라지거나 줄어들고, 필요한 기관은 발달합니다. 퇴화도 진화의 중요한 부분입니다.

또 하나. 인간이나 새처럼 눈이 중요한 동물은 뇌에서 시각에 관련된 영역이 넓고, 고래나 박쥐처럼 귀가 중요한 동물은 청각을 처리하는 영역이 넓습니다. 냄새를 맡는 것이 중요하면 후각을 담당하는 영역이 커지죠. 이 중 어떤 변화가 진보이고 어떤 변화가 퇴보일까요? 단지 새로운 환경에 적응하기 좋게 변했을 뿐, 어떤 의미로도 진화가 더 나아진다는 뜻은 아닙니다.

인간에게만 깃든 영혼

17세기 유럽에서 가장 유명했던 사람 중 한 명이 르네 데카르트입니다. '나는 생각한다. 고로 존재한다.'라는 말을 들어 봤나요? 데카르트 하면 가장 먼저 떠오르는 말이죠. 그는 철학자이면서 수학자였고 동시에 과학자이기도 했습니다.

왼쪽부터 차례로 르네 데카르트, 안드레아스 베살리우스, 윌리엄 하비.

데카르트가 살았던 17세기는 과학 혁명이 일어난 시기입니다. 앞서 태어난 코페르니쿠스와 케플러, 갈릴레이가 지동설을 주장해 확고한 과학의 반열에 올려놓았고, 현미경을 발견하고 세포를 발견한 로버트 훅과 만유인력의 법칙을 발견한 뉴턴이 동시대에 살았죠. 물론 과학 혁명은 생물학도 비껴가지 않았습니다. 16세기에 베살리우스는 시체를 직접 해부해 인체의 세부 구조를 확인합니다. 17세기 초에 윌리엄 하비는 동맥과 정맥이 어떻게 순환하는지를 밝혀내지요. 이런 과정을 거쳐 인간의 신체와 동물의 신체가 그리 다르지 않다는 사실이 확인됩니다.

이런 시대에 태어난 데카르트는 심신이원론을 주장합니

다. 정신(심)과 신체(신)가 각각 독립된 근원을 가진다는 뜻입니다. 그는 동물과 사람의 몸이 일종의 기계라고 생각했습니다. 작동 원리가 완전히 밝혀지지 않았고, 굉장히 복잡하며, 진짜 기계와 달리 딱딱한 나무나 철이 아니라 근육이나 신경 같은 무른 물질로 만들어졌지만, 근본적으로는 기계와 다를 바 없다고 생각했지요. 개가 사람을 따르고 꼬리를 흔드는 것은 사람을 좋아하기 때문인 것처럼 보이지만 실제로는 정교한 기계의 움직임에 불과하다고요.

하지만 인간을 '기계'라고만 할 수는 없지요. 인간은 다른 동물과 뭔가 달라야 하니까요. 그래서 그는 인간은 기계인 신체와 그와 완전히 다른 영혼 둘 다를 가지고 있다고 주장합니다. 이를 심신이원론이라고 하지요. 그런데 영혼을 가진 건 인간뿐입니다. 바로 그렇기에 인간만이 이성을 가지고 감정을 느낄 수 있다고 데카르트는 이야기합니다.

과연 인간만이 가지고 있다는 '영혼'은 존재하는 것일까요? 많은 이들이 영혼의 존재를 '믿습니다.' 그러나 안타깝게도 육체와 독립된 영혼의 존재는 과학적으로 '증명'되지 않습니다. 과학에서는 영혼의 역할이라는 의식이 실은 육체의 일부, 뇌의 물리 화학적 작용이라고 이야기합니다.

가령 뇌의 특정 부위에 손상이 있는 사람은 손에 사과를 쥐고 있으면서도 '사과'라고 말하지 못합니다. 사과라는 단어를 모르는 것이 아닙니다. 뇌 손상으로 인해 사물과 그 사물의 이름이 연결되지 않기 때문입니다. 어떤 부위가 손상되느냐에 따라 기억의 일부가 사라지기도 하고, 성격이 변하기도 합니다. 이전에는 온화했던 사람이 참을성을 잃고 시도 때도 없이 화를 내는가 하면, 반대로 이전에는 폭력적이었던 사람이 온순해지기도 합니다. 이처럼 우리가 영혼의 발현이라고 생각하는 일은 사실 뇌가 하는 일입니다. 그럼에도 많은 사람들이 영혼의 존재를 확인하고자 온갖 종류의 실험을 했습니다. 심지어 영혼의 무게를 재려는 시도도 있었지만, 영혼이 있다는 증거가 발견된 적은 단 한 번도 없죠. 지금까지의 과학은 인간에게 영혼이 있어 다른 동물과 달리 특별하다는 그 어떤 증거도 없다고 이야기합니다.

그런데 반대로 생각해 보죠. 우리가 꼭 영혼이 있어야 고귀한 존재가 되는 걸까요? 다른 사람을 배려하고 옳은 일을 위해 자신을 희생하는 것은 영혼이 그 역할을 하든 아니면 뇌가 그 역할을 하든 상관없이 훌륭한 행위이지 않을까요? 영혼이 없다고 해서 누군가를 사랑하고, 미워하면서도 연민하는 감정이 소중하지 않은 것이 되는 걸까요? 반대로 범죄를 저지르거나 타인을 혐오하는 건 인간만이 보이는 면모인데, 그런 인간에게 영혼이 있다고 하면 기괴한 일이지 않을까요? 영혼이 없는 다른 동물들은 먹이를 얻기 위해, 제 영역을 지키기 위해 싸우기는 하지만 다른 동물을 시기하지도, 전쟁을 일으키지도, 학살을 벌이지도 않습니다. 인간에게 영혼이 있다면, 영혼이 고귀한 무언가라면, 왜 인간만이 그런 짓을 하는 걸까요? 영혼의 존재와 상관없이 타인과 어울릴 줄 알고 올바른 일이 무엇인지 이해하는 존재가 된 것 자체가 커다란 행복이 아닐까요?

그런데 과연 인간만이 의식을 가지고 있는 걸까요? 예부터 많은 사람들이 이를 두고 논쟁을 벌였습니다. 먼 옛날에는 모든 물체에 영혼이 깃들어 있다고 믿는 사람들이 많았죠. 이런 생각을 정령 신앙 혹은 애니미즘이라고 합니다. 자연의 모든 물체에 의식이나 욕구, 감정이 있다고 생각했지요.

자연 전체는 아니더라도 동물은 의식을 가지고 있다고 생각한 이들도 많았습니다. 단군 신화를 떠올려 보죠. 곰과 호랑이가 인간이 되기를 원하는 모습은 낯설지 않습니다. 옛이야기에도 이런 모습이 자주 등장합니다. 호랑이 담배 피우던 시절, 여우가 사람으로 둔갑하고, 까치가 은혜를 갚는 이야기에는 기본적으로 동물도 사람과 마찬가지로 의식이 있다는 전제가 깔려 있는 것이죠.

멀리 갈 것도 없이 고양이나 개와 함께 사는 사람들은 반려동물에게 시시때때로 말을 건넵니다. 나비야 이리 와 봐, 멍멍아 산책하러 갈까? 아무 데서나 오줌을 누면 어떡해 등등. 마치 고양이나 개와 대화를 주고받듯이 말을 하고, 그들이 인간만큼은 아니더라도 어느 정도

의식을 갖고 감정을 느낀다고 생각합니다.

하지만 데카르트처럼 동물은 의식이 없고 단지 본능에 충실한 일종의 생물 기계라고 여기는 이들도 있습니다. 혹은 의식이 있다 해도 아주 낮은 차원이어서 인간과는 비교도 되지 않는다고 생각하는 이들도 많습니다.

과학자들 역시 과연 동물에게 의식이 있는지, 만약 일부 동물에게만 의식이 있다면 어떤 동물에게 있는지 궁금해했죠. 그렇게 해서 고안된 것이 거울 실험입니다. 동물이 거울에 비친 자기 자신을 인식할 수 있는지를 알아보는 실험이죠. 거울에 비친 모습이 내 얼굴이라는 걸 알아차리려면 이전에 거울에 비쳤던 내 모습을 기억할 수 있는 장기 기억 능력도 있어야 하고, 자신을 비슷한 다른 개체와 구별할 수 있는 판단 능력도 있어야 합니다. 거울 실험을 통과하려면 최소한의 의식이 있어야 한다는 말이지요.

의식이 있는 인간도 태어나자마자 이런 거울 실험을 통과하지는 못합니다. 적어도 12개월 정도가 되어야 거울 속 모습이 자신임을 알게 되죠. 그렇다면 다른 동물들은 어떨까요? 현재까지 확인된 바에 따르면 인간과 유전적으로 가까운 오랑우탄, 침팬지, 보노보는 모두 거울 실험을 통과했습니다. 범고래, 큰돌고래, 흑범고래 등도 통과했고 코끼리, 말도 통과했습니다. 여기까지는 모두 인간과 같은 포유류이니 그럴 수 있겠다고 치는데 까치와 까마귀도 통과했습니다. 생각보다 훨씬 많은 동물이 의식을 가지고 있다는 증거입니다.

여기서 하나 더, 여러분에게 질문을 던져 봅니다. 왜 인간만이 의식을 가져야 하는 걸까요? 인간 이외의 존재가 의식을 가지면 인간이 의식을 가지고 있다는 자부심이 줄어들기라도 하는 걸까요? 인간만이 특별해야 한다는 아집에서 벗어날 때입니다.

패배자의 역사

아래는 우리가 인류의 진화와 관련해서 흔히 접하는 그림입니다. 침팬지에서부터 점점 덩치와 두개골이 커지는 '진보'를 한 것처럼 보이죠. 한마디로 잘못된 그림입니다. 인류는 이렇게 진화하지 않았습니다. 인류는 패배자의 후손이죠.

지금으로부터 100만~200만 년 전, 아프리카는 큰 변화에 휩싸입니다. 아프리카 대륙이 위로 솟으면서 유럽과 부딪치고 그로 말미암아 대륙 북서쪽에 아틀라스산맥이 생기죠. 아틀라스산맥은 바다에서 불어오는 습기 가득한 바람을 가로막습니다. 또 이집트에서 시작해 빅토리아호수를 거쳐 아프리카 동쪽을 수직으로 가르는 협곡층이 생기기 시작합니다. 이 협곡은 대륙 동해안에서 불어오는 습기 찬 바람을 막아 버리죠.

이런 이유로 아프리카 대륙 전체가 건조해지면서 열대우림이 줄어듭니다. 열대우림에서 사시사철 피어나는 꽃의 꿀이며 열매를 주로 먹고 살던 유인원들은 생존 경쟁에 내몰립니다. 인류의 조상은 이 경쟁에서 침팬지와 고릴라의 조상에게 패하고 초원으로 쫓겨납니다. 에덴동산에서 아담과 이브가 쫓겨난 것과 비슷한 상황이지요. 꽃도 열매도 없는 초원에서 인류의 조상은 하이에나처럼 남이 사냥한 동물의 잔해를 처리하면서 먹을 것을 해결합니다. 초원의 청소부로 취직한 거죠. 사자나 치타 등이 어디서 사냥하는지 모르니 매일 초원을 가로질러 여기저기로 이동하고, 그 결과 곧추서서 두 발로 걷는 직립 보행을 하게 됩니다.

고인류학자들은 인류의 조상을 다른 유인원과 구분할 때 직립 보행을 했는가를 가장 중요한 기준으로 삼습니다. 흔히 최초의 인류라 알려진 오스트랄로피테쿠스를 보아도 두개골 크기는 침팬지나 고릴라와 별 차이가 없습니다. 직립이 가장 큰 차이죠. 열대우림에서의 경쟁에 패배한 인류의 조상은 초원에서 두 다리로 반듯이 서서 걷는 진화를 통해 새로운 삶의 양식을 가지게 되었습니다.

역사를 좀 더 거슬러 올라가도 인류의 먼 조상은 패배자의 후손입니다. 물고기, 정확히 말하자면 어류는 크게 딱딱한 뼈를 가진 경골어류와 물렁한 뼈를 가진 연골어류로 나뉩니다. 앞서 짧게 설명했듯 경골어류는 다시 조기어류와 육기어류로 나뉘죠. 둘의 차이는 지느러미가 어떻게 만들어졌는가입니다. 조기어류는 피부가 지느러미가 된 경우이고 육기어류는 근육과 뼈가 지느러미가 된 경우입니다. 그런데 현재 물에 사는 경골어류는 대부분 조기어류입니다. 육기어류는 실러캔스와 폐어 딱 두 종류뿐이지요. 약 4억 년 전에는 조기어류만큼이나 많은 육기어류가 있었습니다만, 생존 경쟁에서 패했기 때문입니다. 지느러미에 뼈와 근육이 있는 육기어류는 헤엄칠 때 많은 에너지를 소모할 수밖에 없는 반면 조기어류의 지느러미 구조는 헤엄치기에 훨씬 유리했거든요. 경쟁에 패한 육기어류는 민물로 쫓겨납니다. 그런데 조기어류 중 일부도 민물로 따라옵니다. 강과 호수에서 다시 경쟁이 일어나죠. 여기서도 패한 육기어류는 다시 헤엄치기에 불편한 상류로 쫓겨납니다. 가물면 강바닥이 드러나고 여기저기 물웅덩이만 남는 곳이죠. 여기서는 그나마 육기어류가 유리합니다. 땅바닥을 딛고 움직이기엔 근육과 뼈가 있는 육기어류의 지느러미가 더 유리했으니까요.

이런 육기어류의 조상들은 물이었다가 진흙탕이 되었다가 가끔은 메말라 버리는 곳에서 진화를 거듭하여 육상척추동물이 됩니다. 근육과 뼈가 있던 지느러미는 다리가 되었지요. 지금의 양서류와 파충류, 포유류는 모두 육기어류의 후손입니다. 바다에서 강으로, 강 하류에서 다시 상류로 쫓겨난 패배자가 우리 조상인 셈입니다.

그러고도 다시 초기 육상척추동물 사이에서 새로운 경쟁이 시작됩니다. 물가에 살고자 하는 경쟁이죠. 당시 육상척추동물은 지금의 개구리처럼 모두 물속에 알을 낳아 번식했습니다. 하지만 물가는 육지 전체로 보면 일부분에 지나지 않고, 경쟁에서 밀린 동물들은 물가를 떠날 수밖에 없습니다. 이들은 새로운 번식 방법을 택해야 했죠. 포유류는 배 속에 작은 물웅덩이(양수)를 만들어 거기서 아기를 키우는 방법을 선택합니다. 알 대신 새끼를 낳는 이 새로운 방식이 물가에서 쫓겨난 패배자들이 대를 이을 수 있는 유일한 길이었죠.

사실 진화는 패배자의 역사라고 볼 수 있습니다. 환경에 유리한 종은 구태여 변할 이유가 없거든요. 조금이라도 불리한 종이 그 불리함을 극복하기 위한 진화를 선택하는 것이죠. 또 살기 좋은 장소를 차지한 종 역시 변화할 필요를 느끼지 못합니다. 경쟁에서 밀려 살기 힘든 곳으로 쫓겨난 종이 그곳에서 살아남기 위해 진화를 선택하는 겁니다. 인류 역시 이런 과정을 거쳐 지금에 이른 것입니다. 이런 의미에서 진화는 결코 진보가 될 수 없고, 인류로의 진화 또한 진보라고 볼 수 없습니다.

하지만 다윈이 『종의 기원』을 발표하자마자 진화론으로 제 잇속을 채우려는 이들이 여기저기서 사이비를 들고나오죠. 진화는 곧 진보이며 자기가 속한 집단이 가장 진화한 존재라는 주장이었습니다.

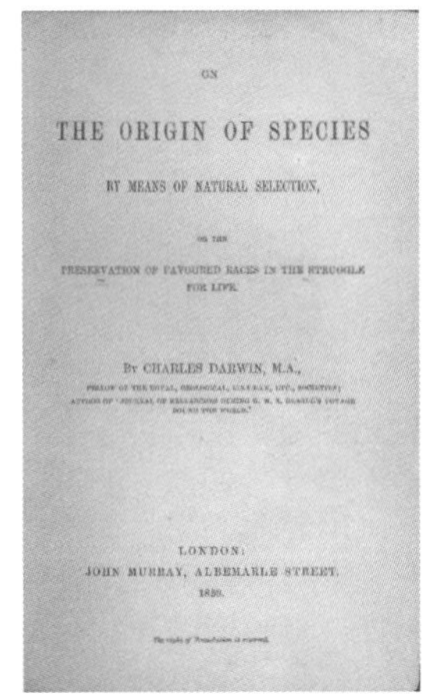

ON

THE ORIGIN OF SPECIES

BY MEANS OF NATURAL SELECTION,

OR THE

PRESERVATION OF FAVOURED RACES IN THE STRUGGLE FOR LIFE.

BY CHARLES DARWIN, M.A.,

LONDON:

JOHN MURRAY, ALBEMARLE STREET.

1859.

1859년에 처음 출판된 『종의 기원』.

대표적인 것이 우생학입니다. 우생학이란 식물이나 동물의 품종을 개량하듯이 인간의 유전 형질 중 우수한 것을 선별하고 개량하여 인류 전체를 더 나은 존재로 만들 수 있다고 주장하는 학문입니다. 그런데 이렇게 품종을 개량하려면 먼저 인간의 유전 형질 중 어떤 것이 우수하고 어떤 것이 열등한지를 가려야 하죠. 이들이 사용했던 것 중 하나가 다음 쪽 그림에서 보이는 인종별 두개골 모양입니다. 왼쪽부터 차례로 앙골라인(아프리카 선주민), 칼미크인(몽골인), 유럽인, 로마인의 두개골입니다. 일정한 경향이 보이죠. 왼쪽에서 오른쪽으로

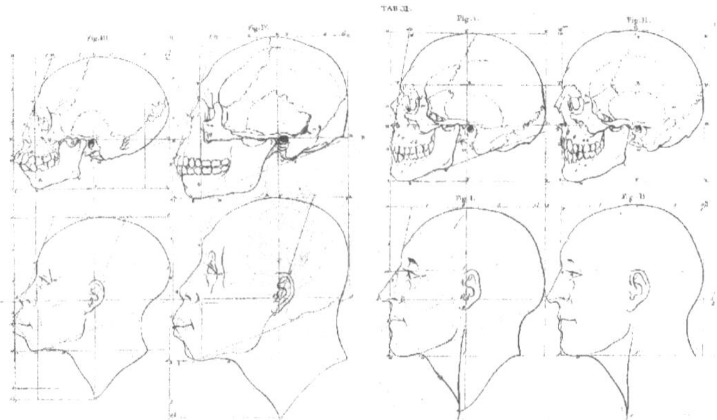

우생학에서 주장하는 인종별 두개골의 모양으로, 왼쪽부터 앙골라인, 칼미크인, 유럽인, 로마인입니다.

갈수록 눈과 코, 입으로 이어지는 선이 수직에 가깝게 변합니다. 뇌를 담은 두개골의 크기가 점점 커지고요. 뇌 용량이 점점 커지는 것이지요. 요컨대 아프리카인은 침팬지 같은 영장류에서 갓 진화한 존재이고 로마인은 가장 많이 진화한 존재라는 뜻입니다.

이 그림이 뜻하는 것은 사람이라고 해서 다 같은 사람이 아니라는 것, 진화가 덜 된 흑인은 미개하며 가장 많이 진화한 백인, 그중에서도 로마인이 가장 우월한 종족이라는 것입니다. 이들의 유전자가 가장 우월하다는 뜻이기도 하죠.

이런 주장은 진화는 곧 진보라는 잘못된 전제에 기초하고 있습니다. 전제 자체가 잘못됐으니 주장도 틀릴 수밖에 없습니다. 더욱이 이 그림은 각 인종의 두개골을 측정해서 평균치를 그린 것도 아닙니다. 우생학자들이 자기 주장에 맞는 두개골만 골라 그린 것이죠. 당장 길거리만 나가 봐도 이마와 입을 잇는 선은 사람마다 다릅니다. 입이 튀어나온 백인도 흔하고, 이목구비 선이 수직인 흑인도 흔합니다. 이렇게 자기에게 유리한 데이터만 골라 쓰는 건 과학이라 할 수 없죠.

그럼 이들이 우생학을 통해 말하려 했던 건 무엇일까요? 우생학이 유행할 당시 유럽은 전 세계의 지배자였습니다. 아프리카, 아시아, 아메리카 대륙 대부분을 식민지로 삼고 있었죠. 원래 그곳에 살고 있던 사람들, 즉 선주민들의 의사와는 상관없이 총칼로 점령한 겁니다. 당연히 선주민들 사이에서 반발이 일었죠. 곳곳에서 독립운동이 일어납니다. 양심적인 유럽인들이 식민지 지배를 비판하기도 하죠. 이런 상황에서 식민지 지배 행위에 대한 정당성을 확보하는 일이 중요해졌습니다. 우생학은 바로 그런 정당성을 확보하고자 하는 작업 중 하나였죠. 흑인은 이제 막 원숭이에서 벗어난 미개한 존재다. 흑인보다는 낫지만 아메리카 선주민과 아시아인도 백인에 비하면 열등한 존재다. 그러니 우수한 백인이 열등한 이들을 지배하는 것은 당연하다는 논리를 들이미는 겁니다.

하지만 이후 연구는 이들의 논리가 완전히 틀렸다는 걸

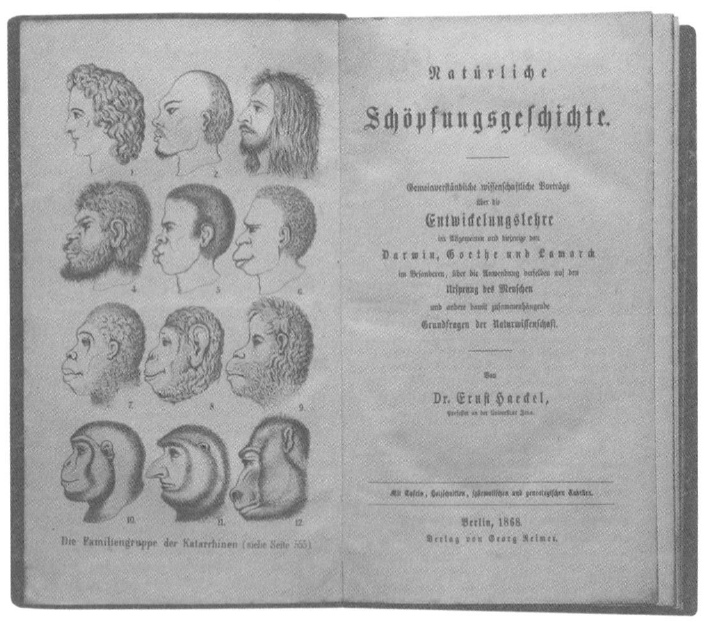

1. 2. 3.
4. 5. 6.
7. 8. 9.
10. 11. 12.

Die Familiengruppe der Katarrhinen (siehe Seite 555)

Natürliche

Schöpfungsgeschichte.

Gemeinverständliche wissenschaftliche Vorträge
über die
Entwickelungslehre
im Allgemeinen und diejenige von
Darwin, Goethe und Lamarck
im Besonderen, über die Anwendung derselben auf den
Ursprung des Menschen
und andere damit zusammenhängende
Grundfragen der Naturwissenschaft.

Von

Dr. Ernst Haeckel,

Berlin, 1868.
Verlag von Georg Reimer.

우생학적 편견을 보여 주는 그림으로, 생물학자이자 열렬한 우생학자였던 에른스트 헤켈이 쓴 책에 실린 것입니다.

보여 줍니다. 이들은 백인의 유전자가 흑인에 비해 월등히 우월하다고 주장했지만, 인류 전체의 유전자에는 차이가 거의 없다는 사실이 드러나죠. 간단히 말해서 진돗개와 풍산개의 유전자 차이보다 인류 전체의 유전자 차이가 훨씬 작습니다. 이는 10만 년 전 인류가 멸종할 뻔한 사건 때문입니다. 10만 년 전 인류의 선조는 혹독한 시련을 겪으며 겨우 1만~2만 명 정도만 살아남았습니다. 결국 현재의 인류는 이 1만~2만 명에 해당하는 선조의 공통 후손인 셈이죠. 그러니 유전자 차이가 나 봤자 얼마나 나겠습니까? 백인 우월주의는 지금까지도 꽤 많은 백인들에게 이어져 오고 있습니다. 하지만 그것이 과학적 사실이 아닌, 백인들 자신이 우월하다는 고집과 욕망, 아집에 지나지 않는다는 걸 모두 알고 있죠.

과학의 탈을 쓴 소수자 차별

인종주의처럼 우리는 자신이 속한 집단이 아닌 다른 집단에 대한 배타와 차별의 역사를 가지고 있습니다. 여기서 중요한 개념이 소수자minority입니다. 소수자란 단지 수가 적다는 뜻이 아닙니다. 어떤 특징 때문에 사회에서 차별받고 있는 집단을 소수자라고 합니다. 예컨대 여성은 수로 따지면 소수가 아니지만 사회 전반에서 여성이기에 차별을 받으므로 소수자입니다. 또 다른 예로, 예전 남아프리카공화국은 소수의 백인이 다수의 흑인을 지배하는 사회였습니다. 이 경우에도 흑인이 다수이지만 피부색이 검다는 특징 때문에 차별을 받았으니 소수자라고 할 수 있죠. 이런 맥락에서, 앞서 살펴본 우생학은 과학의 탈을 쓴 소수자 차별이라고 볼 수 있습니다.

사실 이러한 소수자 차별은 다양한 측면에서 과학의 탈을 쓰고 나타납니다. 대표적인 것이 여성에 대한 '과학적' 차별이지요. 평균적인 여성이 평균적인 남성에 비해 근력이 약한 것은 사실입니다만, 이것이 남성이 여성보다 우월하다는 근거가 될 수는 없습니다. 강한 근력이 필요한 일이라면 남성이 채용될 가능성이 높아질 수 있겠지만, 사회적 일 가운데에 강한 근력이 필요한 일은 많지 않습니다. 기획을 하거나 마케팅을 하는 데 힘이 필요할까요? 아니면 인사나 회계 업무에 힘이 필요할까요? 하다못해 트럭 운전도 남성의 일이라고 굳게 믿고 있는 사람들이 있습니다만, 트럭을 자기가 밀어 움직일 게 아니라면 운전석에 앉아 운전하는 데 무슨 힘이 필요하겠습니까? 이제 이런 사실은 상식이 되었지만 여전히 많은 사람들이 남자가 여자보다 키도 크고 힘도 세니 더 우월하다고 생각하곤 합니다. 그렇게 치면 고릴라가 인간보다 훨씬 우월한데, 왜 그렇게 생각하지 않는지는 모르겠습니다.

꼭 신체적 능력만이 아니라, 남성이 여성에 비해 수학적 두뇌가 뛰어나다는 주장도 있지요. 그에 반해 여성은 감성이 뛰어나다고 덧붙이기도 하면서요. 오래된 주장이지요. 족히 300년은 된 주장입니다. 사실일까요? 결론은 전혀 아닙니다. 남자 어린이와 여자 어린이, 남자 청소년과 여자 청소년의 수학 학습 능력을 다룬 연구 결과에 따르면, 어느 연령대에서도 성별 차이는 나타나지 않았습니다. 그런데도 이런 믿음이 지속되는 이유는 남성이 수학 및 과학 분야를 독점해 온 역사에 있습니다. 남자 교수가 절대다수인 이공계 대학, 남성 연구자들로 꽉 찬 이공계 연구소들은 알게 모르게 남성이 수학 및 과학에 더 적합하다는 생각을 주입합니다. 여성에게는 이공계가 '어울리지 않는다'는 딱지가 붙고, 실제로 연구 능력이 떨어져서가 아니라 단지 성별 때문에 여러 차별이 가해집니다. 그러니 부모님이나 선생님도 여성에게 이공계 진학을 권하지 않기도 했고요. 결국 과학적 이유는 전혀 없고 이전부터 존재했던 성차별이 야기한 결과인 거죠.

장애인 역시 소수자입니다. 비장애인인 사람들은 흔히 장애란 선천적인 것, 즉 태어날 때부터 갖고 있던 것이라 생각합니다. 자신과 다른 세상, 다른 사람의 이야기라 생각하죠. 그러나 이 또한 전혀 사실이 아닙니다.

실제 장애인 중 선천적인 장애는 전체의 1%도 되지 않습니다. 우리나라 장애 출현율은 약 5%입니다. (제대로 된 기준으로 잡으면 10%가 훌쩍 넘습니다만 일단 5%라고 하죠.) 100명 중에 5명은 장애인이라는 뜻입니다. 하지만 10대에는 2.2%, 10대 이하에서는 1% 정도로 나타납니다. 100명 중에 1~2명이 장애인인 거죠. 하지만 30대가 되면 장애 출현율은 4.6%로 높아집니다. 40대는 9.2%, 50대는 17.2%, 70대는 22.2%입니다. 더욱이 이 수치에는 노인성 치매 등은 포함되지 않았는데, 그런 질환까지 포함하면 70대에 장애인은 해당 연령대의 30%, 즉 10명 중 3명 꼴이 됩니다. 결국 장애란 후천적인 경우가 절대다수입니다. 태어날 때나 여러분 나이 때에 비장애인이었던 사람들이 살아가면서 장애인이 되는 것이죠.

그럼에도 많은 사람들이 장애에 대해 대수롭지 않게 생각하곤 합니다. 이런 비장애인 중심의 사회가 장애인에게 얼마나 많은 불편함과 불가능을 빚는지도 잘 알지 못하죠. 내가 속한 집단이 사회의 다수일 때 항상 소수자를 생각해 보면 좋겠습니다.

인종은 없다

앞서 인간의 유전자는 서로 별 차이가 없다고 했습니다. 여기에 하나 덧붙이자면, 사실 '인종'이라는 것은 없습니다. '인종 차별'이 있을 뿐이지요. 이렇게 말하면 흑인, 백인, 아시아인은 서로 완전히 다른 외모를 가지고 있는데 어떻게 인종이 없느냐는 질문이 들어옵니다. 하지만 피부색은 인간의 유전자에서 아주 작은 부분을 차지합니다. 인간의 유전자가 약 4만 개인데, 이 중 피부색에 관여하는 유전자는 고작 100여 개일 뿐이죠. 만약 정말 '인종'이 있고 그 유전적 차이가 피부색으로 드러나는 것이라면 피부색이 같은 사람들은 같은 유전자를, 피부색이 다른 사람들은 다른 유전자를 가지겠지요. 하지만 현실은 전혀 그렇지 않습니다.

가령 피부색이 검은 사람을 유전적으로 나누면 다섯 집단 정도입니다. 첫째로 북아프리카 선주민이 있고, 둘째로 남아프리카 선주민이 있고, 셋째로 말레이반도, 필리핀, 안다만제도, 태국에 거주하는 이들, 넷째는 오스트레일리아와 파푸아뉴기니 등의 선주민, 다섯째가 남아메리카 선주민입니다. 그런데 이들 사이의 유전적 유사성은 전혀 없습니다. 가령 북아프리카 선주민은 유전적으로 남아프리카 선주민보다 유럽인과 더 가깝습니다. 오스트레일리아와 파푸아뉴기니의 선주민은 대만 선주민과 가깝고, 남아메리카 선주민은 시베리아 선주민, 몽골이나 우리나라 사람과 훨씬 가깝죠. 즉 피부색은 유전적 분류 수단으로 사용될 수 없습니다.

과학자들의 연구에 따르면 현 인류는 모두 흑인의 후예입니다. 아프리카에서 처음 인류가 진화를 맞이할 때, 인류는 초원을 낮 시간에 끊임없이 걸어야 했습니다. 뜨거운 태양 아래 걷는다는 건 체온이 끊임없이 올라 죽음에 이르는 지름길이었습니다. 인류의 선조는 털을 벗고 땀을 흘리기 시작합니다. 맨살에 흐르는 땀은 더위로부터 인류를 보호하는 기적이었죠. 하지만 햇빛에 포함된 자외선은 또 다른 위협이었습니다. 인류의 선조는 피부에 멜라닌 세포를 만들어 자외선을 흡수함으로써 이에 대처합니다. 초기 인류 중 살아남은 이들은 모두 멜라닌 색소가 많은 흑인이었습니다.

지금도 한여름 태양 아래에서 하루 이틀을 보내면 살갗이 검게 타는 건 우리의 선조가 물려준, 멜라닌 색소를 만드는 유전자를 가지고 있기 때문입니다. 애초에 모두 흑인의 자손인데 굳이 백인, 아시아인을 나눌 이유가 없습니다.

아시아인을 봐도 그렇습니다. 19세기 백인들은 황인종 혹은 아시아인이라고 부른 이들 중에서도 중동에 사는 사람들은 유전적으로 한

국인보다 백인에 훨씬 가깝습니다. 동남아시아 사람과 우리나라 사람도 같은 아시아에 살지만 유전적으로는 멀리 떨어져 있습니다. 유전적으로 가깝기를 따지면 동남아시아 사람들보다도 오히려 유럽의 헝가리나 핀란드 사람들이 훨씬 가깝지요. 결국 인종이 먼저 있고 다른 인종을 차별하는 인종 차별이 만들어진 것이 아니라, 인종 차별이 먼저 있었고 이를 정당화하기 위해 인종이란 개념이 만들어진 것입니다. 인종은 없습니다.

나가며

흔히 서양의 역사는 헬레니즘Hellenism과 헤브라이즘Hebraism의 대결이라고 합니다. 고대 그리스에서 로마 제국 초기까지는 인간이 중심인 헬레니즘 시대, 그리고 로마 제국 후기부터 중세까지는 신을 중심에 둔 헤브라이즘이라고 합니다. 그런 측면에서 보면 르네상스는 특별한 위치를 차지합니다. 헤브라이즘, 즉 신을 중심으로 한 세계관이 지배했던 중세 1000년이 지나고 다시 헬레니즘, 인간을 중심으로 한 세계관으로 돌아온 시기이기 때문입니다.

르네상스가 끝날 무렵부터를 서양의 근대라고 이야기합니다. 이 근대의 시작에서 가장 중요한 사건 중 하나가 과학혁명입니다. 코페르니쿠스가 지동설을 주장하고 갈릴레이가 이를 증명하는 천문학 혁명과 뉴턴의 역학으로 대표되는 역학 혁명이 가장 대표적인 내용입니다만, 그 외에 현미경의 발명과 세포의 발견, 진화론과 유전학으로 이어지는 생물학 혁명 또한 빼놓을 수 없지요. 20세기까지 이어지는 과학의 눈부

신 발전은 근대와 현대를 만든 가장 중요한 부분일 겁니다.

하나 더, 과학의 발달은 인간을 중심에 둔 헬레니즘과 르네상스의 또 다른 극복이기도 합니다. 인간이 터를 잡은 지구가 우주의 중심이 아니고, 태양과 태양계도 우주의 중심이 아니며, 마침내 우주에는 중심이 없다는 사실을 밝힌 것, 인간은 다른 모든 생물과 마찬가지로 세포로 이루어졌으며, 다른 동물과 근본적인 차이가 없다는 사실 또한 인간 중심주의를 허무는 데 큰 역할을 합니다. 물론 과학만으로 근대가 이루어진 것은 아닙니다. 보편적 인권에 대한 사상, 인본주의에 대한 탐구, 절대 왕정에 대한 저항 등 인문학적 과정과 사회적 과정 또한 대단히 중요했고, 증기기관의 발명과 산업 혁명, 신대륙으로의 진출과 제국주의 등 과학만큼이나 혹은 과학보다 더 중요한 사건들도 있었습니다.

하지만 과학적 발견과 이에 의한 인식의 변화가 근대를 규정하는 데 굉장히 중요한 역할을 했다는 사실에 이의를 제기할 사람은 별로 없을 겁니다. 근대 초기의 발견이 인간이 세상의 중심이라는 주관적 편견을 깨는 것이었다면, 현대 과학의 발견은 인종은 없다는 사실로부터 피부색을 중심으로 인간을 나누던 편견을 불식시키고 모든 인간은 평등함을 밝힙니다. 물론 이 또한 과학만으로 이루어지지 않았습니다. 각지에서 독립운동과 저항, 인종 차별 철폐 운동 등이 주도적으로 이루어졌고, 많은 인문학적·사회학적 연구와 활동이 있었습니다. 과학은 어쩌면 이 모든 활동에 대한 이성적·객관적 근거를 확보하는 역할을 했다고 볼 수 있지요.

이 책은 근대 과학이 이전까지의 과학을 극복하는 과정에서 어떻게 인간 중심주의를 깨트렸는지, 또 어떻게 주관에서 객관으로 발전했는지를 살펴보는 어찌 보면 조금 무거운 책입니다. 이 책을 다 읽고 난 뒤에 어떤 독자는 이렇게 한탄할 수도 있습니다. "그렇다면 인간은 전혀 특별하지 않은 존재이고, 나 또한 하등 특별하지 않다는 말일까?" 그렇습니다. 우리 모두는 전혀 특별하지 않습니다. 하지만 단 하나 특별한 점이 있습니다. 인간은 스스로가 특별하지 않다는 걸 발견한, 최소한 지구에서는 최초의 존재라는 점에서 특별하다고 할 수 있겠습니다.

참고 문헌

제이콥 브로노우스키 지음, 김은국 · 김현숙 옮김, 『인간 등정의 발자취』, 바다출판사, 2023.

정인경 지음, 『뉴턴의 무정한 세계』, 이김, 2023.

존 그리빈 지음, 권루시안 옮김, 『과학을 만든 사람들』, 진선북스, 2021.

야마모토 요시타카 지음, 이영기 옮김, 『과학의 탄생』, 동아시아, 2005.

제임스 E. 매클렐란 3세, 해럴드 도른 지음, 전대호 옮김, 『과학과 기술로 본 세계사 강의』, 모티브북, 2006.

임경순 지음, 『과학사의 이해』, 다산출판사, 2014.

존 헨리 지음, 노태복 옮김, 『서양과학사상사』, 책과함께, 2013.

에른스트 페터 피셔 지음, 정계화 외 옮김, 『또 다른 교양』, 이레, 2006.

피터 디어 지음, 정원 옮김, 『과학 혁명』, 뿌리와이파리, 2011.

김시준, 김현우, 박재용 외 지음, 『경계』, Mid, 2016.

박재용 지음, 『나의 첫 번째 과학 공부』, 행성B, 2017.

———, 『이렇게 인간이 되었습니다』, Mid, 2022.

이미지 저작권

12쪽 위키미디어 커먼스, Stefano della Bella
16쪽 규장각한국학연구원
20쪽 위키미디어 커먼스, Andreas Cellarius
24쪽 (위)위키미디어 커먼스, Wilhelm Meyer (아래)위키미디어 커먼스
31쪽 플리커, @ouroboran
33쪽 위키미디어 커먼스, Luca della Robbia
34쪽 Library of Congress
37쪽 위키미디어 커먼스
39쪽 위키미디어 커먼스, William Lewis
43쪽 위키피디아
52쪽 위키피디아
60쪽 위키피디아
61쪽 위키미디어 커먼스, Nicolaus Copernicus
62-63쪽 위키미디어 커먼스, Bartolomeu Velho
66쪽 위키피디아, Ptolemy, Nicolaus Germanus, Johannes Schnitzer
68쪽 위키피디아
71쪽 (위)위키피디아 (아래)위키미디어 커먼스, Hecataeus of Miletus
75쪽 위키미디어 커먼스, Camille Flammarion
78쪽 위키피디아, Edward Bunbury
81쪽 위키피디아, Frédéric Christophe de Houdetot
82쪽 위키미디어 커먼스, Alexander von Humboldt
85쪽 위키미디어 커먼스
86쪽 위키미디어 커먼스, Alfred Wegener
98쪽 위키미디어 커먼스, T. & R. Annan & Sons
100쪽 (왼쪽)위키피디아, Sophie Delar (가운데)위키피디아 (오른쪽)위키미디어 커먼스, Henri Manuel

103쪽 위키미디어 커먼스, Minnesota Historical Society

105쪽 위키피디아, William Herschel

106-107쪽 위키미디어 커먼스, Edward Hicks

110쪽 Meyers Konversations-Lexikon

112쪽 위키피디아, William Blake

118쪽 플리커, @Biodiversity Heritage Library

121쪽 위키미디어 커먼스, Diego de Valadés

127쪽 플리커

132쪽 (위)위키피디아, Robert Hooke (아래)위키미디어 커먼스, Robert Hooke

134쪽 플리커, @Biodiversity Heritage Library

141쪽 (위)플리커, @Biodiversity Heritage Library (아래)플리커, @Biodiversity Heritage Library

144쪽 플리커, @Biodiversity Heritage Library

148-149쪽 위키피디아, Lucas Cranach the Elder

152쪽 위키피디아, Andreas Vesalius

158쪽 (위)위키피디아, Charles Thévenin (아래)https://www.researchgate.net

159쪽 위키피디아, Julia Margaret Cameron

163쪽 (왼쪽)위키미디어 커먼스, Gérard Edelinck, Frans Hals (가운데)위키미디어 커먼스, Jan van Calcar (오른쪽)위키미디어 커먼스, Daniël Mijtens

175쪽 https://archive.org/

176쪽 위키미디어 커먼스, Petrus Camper

178쪽 위키미디어 커먼스, Ernst Haeckel

* 작가 미상인 경우, 표기하지 않았습니다.